新型农民职业技能培训教材

# 家禽孵化工 培训教程

宋东亮　王　安　编著

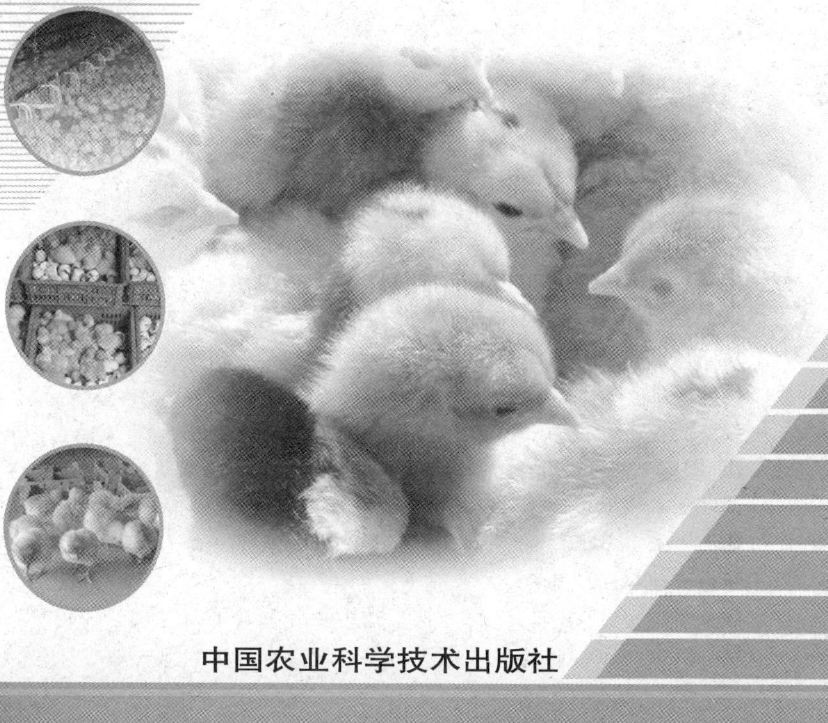

中国农业科学技术出版社

## 图书在版编目(CIP)数据

家禽孵化工培训教程 / 宋东亮,王安编著. —北京:中国农业科学技术出版社,2012.1
ISBN 978-7-5116-0753-9

Ⅰ.①家… Ⅱ.①宋…②王… Ⅲ.①家禽育种-孵化-技术培训-教材 Ⅳ.①S814.5

中国版本图书馆CIP数据核字(2011)第260411号

| | |
|---|---|
| **责任编辑** | 朱 绯 |
| **责任校对** | 贾晓红 |
| 出 版 者 | 中国农业科学技术出版社 |
| | 北京市中关村南大街12号 邮编:100081 |
| 电 话 | (010)82106626(编辑室) (010)82109704(发行部) |
| | (010)82109709(读者服务部) |
| 传 真 | (010)82106624 |
| 网 址 | http://www.castp.cn |
| 经 销 者 | 各地新华书店 |
| 印 刷 者 | 北京富泰印刷有限责任公司 |
| 开 本 | 850 mm×1168 mm |
| 印 张 | 3.75 |
| 字 数 | 101 千字 |
| 版 次 | 2012年1月第1版 2012年1月第1次印刷 |
| 定 价 | 11.00元 |

——————— 版权所有·翻印必究 ———————

# 前 言

家禽孵化工作是家禽业生产中的一个重要环节。随着养禽业生产的集约化、专业化、商品化,家禽孵化已成为专门行业或独立生产与经营部门。作为一个营运部门,需要专业化的家禽孵化人才。为满足孵化企业或部门的人才需求,推广家禽孵化技术,编者根据多年的教学、科研和生产实践经验,编写了此书。本书首先从孵化工概念入手,对孵化技术人员的素质要求进行了阐述;并根据读者的不同文化层次和工作岗位,本着由表及里、由浅入深的原则,将读者带入到工作环境和技术领域之中。对鸡、鸭、鹅、鹌鹑和火鸡的孵化环境,种蛋的选择,种蛋孵化前的处理,机器孵化、传统孵化等多种孵化方法,孵化管理方法和初生雏雌雄鉴别方法、初生雏的防疫方法进行了合理编排。以现代机器孵化,大型企业孵化、管理技术为重点,结合我国传统孵化技术对鸡、鸭、鹅、鹌鹑、火鸡的种蛋形成,种蛋管理,胚胎发育,包括电机孵化在内的温室架式孵化、平箱孵化等内容分别进行了介绍。本书不仅是家禽孵化场或家禽生产孵化部门技术工作人员岗前、岗中培训教材,是家禽饲养户,家禽孵化专业户,孵化技术爱好者很好的学习参考用书,也可作为大、中专院校涉牧专业教学参考用书。

由于编写时间仓促,作者水平有限,不妥之处在所难免,还望读者批评并予以指正。

# 目 录

**第一章 家禽孵化工的概念和素质要求** ······ 1
  第一节 家禽孵化工的概念 ······ 1
  第二节 家禽孵化工的素质要求 ······ 2

**第二章 家禽孵化场的规划、布局与建设** ······ 7
  第一节 场址选择 ······ 7
  第二节 家禽孵化场的规划、布局 ······ 9
  第三节 孵化厅各室建筑设计的基本要求 ······ 15
  第四节 雌雄鉴别室的设计 ······ 19
  第五节 家禽孵化场建筑的生物安全 ······ 20

**第三章 家禽孵化场的设备与设施** ······ 22
  第一节 运输设备 ······ 22
  第二节 孵化设备 ······ 22
  第三节 水处理设备 ······ 24
  第四节 冲洗消毒设备 ······ 24
  第五节 发电设备或燃煤、燃气设备 ······ 25
  第六节 孵化配套设备 ······ 26

**第四章 种蛋选择、运输与贮藏** ······ 36
  第一节 种蛋的选择 ······ 36
  第二节 种蛋的包装、运输与贮存 ······ 41

**第五章 种蛋的人工孵化** ······ 43
  第一节 种蛋的处理 ······ 43
  第二节 孵化技术 ······ 46
  第三节 我国传统孵化方法及管理 ······ 74

**第六章　初生雏禽的雌雄鉴别** ………………………… 80
　第一节　伴性遗传基因标志鉴别法 ………………… 82
　第二节　仪器鉴别雌雄法 …………………………… 91
　第三节　初生雏禽泄殖腔生殖突隆起鉴别法 ……… 93
　第四节　其他鉴别法 ………………………………… 107
**附　录** …………………………………………………… 110
**参考文献** ………………………………………………… 111

# 第一章 家禽孵化工的概念和素质要求

## 第一节 家禽孵化工的概念

要想成为一名合格的家禽孵化工,首先必须清楚地知道什么是家禽孵化工,也就是说必须明白家禽孵化工的概念,只有建立起家禽孵化工的概念才能按照孵化工的标准、要求对照自己,才能做好本职工作,取得孵化场全盘工作的成功。

家禽孵化工的概念有广义和狭义之分。广义的家禽孵化工是指从事家禽孵化行业的从业人员。纵向看,上至经营家禽孵化行业的董事长、经理、车间主任,下至孵化器和出雏器操作人员、消毒人员、种蛋库管人员、幼雏性别鉴定人员、初生雏疫苗接种人员,还包括运输人员、安全保卫和环境保护工作人员。横向看,既包括直接从事操作孵化机的人员,又包括与孵化器操作工作相距较远的孵化场内其他从业人员。如从事环境卫生的环卫人员,从事安全保卫工作的保安人员等。因此,孵化场的保安与环卫工作人员与其他单位的不同,不仅是保安或环卫工作人员,也是具有影响孵化效果,与孵化场孵化效益直接挂钩的工作人员,广义上讲都是孵化工。狭义的家禽孵化工仅指从事家禽孵化或从事出雏器操作的技术人员。传统的家禽孵化工作都是以作坊的形式存在,人们通常把孵化场或孵化室称作炕坊,把孵化家禽工作称为"炕",如"炕鸡""炕鸭"等。传统作坊中,孵化工的工作是综合的,一般采用的是"师带徒"的工作方式。而现代孵化场是一种分工合作的工作方式,大型孵化企业分工非常细,各项工作由专门的人员负责,如有种蛋采购人员、种蛋消毒人员、孵化器操控人员、出雏机操控人员、设备安装与维修人员、水电供应人员、空调监控人员、司机、库管、销售人员、家禽性别鉴别人员、防疫人员、办公室工作人员、统计工作人员、保安人员及环保人员等。孵化工作人员在清楚的分工和相互合作下,进行家禽孵化工作,生产效率高、效益好。如河南大用集团所属的淮阳县曹河孵化场,年孵化肉鸡苗1亿只,工作人员近百人,在较细的分工前提下,每一个人的工作都很重要,任何一个环节出问题都会影响孵化场的整体效益。

本培训教材将从广义概念角度出发,对家禽孵化工进行认识与定位,目的是想引起所有涉及孵化工作人员的高度重视,特别是与孵化工作关系稍远一点的工作人员,不要认为自己不属孵化工的范围,各项孵化工作要求与自己无关。编者认为:作为孵化企业的每一位员工,都应该对整个孵化场的生产经营、安全卫生等全面了解与掌握,清楚地认识到自己所处的工作环节,同时也应该把自己作为一位具有孵化技能的"通才"随时听候调配,以适应孵化场各个工作岗位要求。特别是直接在孵化车间内工作的人员,要比从事外围工作的人员有更加过硬的孵化理论知识与操作技能。具有孵化"通才"的人员不仅是家禽孵化企业所希望得到的,也是孵化工作人员自身生存与发展所必需的。

本教材从广义的孵化工概念入手,引导学员对孵化企业从表及里、从简及繁不断认识、从管理制度、工作秩序、生产工艺流程、生物安全、人类健康和环境保护等文明生产、安全生产的现代企业理论和最起码要求做起,把自己打造成一名优秀的孵化员工,把家禽孵化工作做好。

## 第二节 家禽孵化工的素质要求

家禽孵化工在孵化场或家禽生产企业中扮演着非常重要的角色。孵化工作做得如何直接影响着孵化场或养禽企业的发展与经济效益,而家禽孵化工的素质决定着孵化工作的成败,只有符合家禽孵化工基本素质要求的人员才能更好地适应孵化工作,才能在孵化工作岗位上发挥优势,否则,就会影响家禽孵化工作,甚至会对孵化工作带来负面效应。因此，企业在招聘孵化工时或组织孵化工上岗前都会对孵化工的基本素质有所要求。

素质是什么？基本素质又是什么？它包括哪些内容？如何才能让自己满足孵化工的基本素质要求，这是每个想成为合格孵化工的人员所关心的问题。

素质是一个具有多种含义的概念，在《辞海》中就有3种不同的解释：①人的生理上的原来固有的特点；②事物本来的性质；③完成某种活动所必需的基本条件。从这几层含义我们不难发现，素质与原来、本来有关。从概念分析：一个人的素质好像是一个具有固化倾向的综合特质。它是一种本来就有的、与生俱来的东西。其实不然，虽然说一个人的品性、习性是在一定的社会环境下经过长期培养逐渐形成的，最终体现为人的素质，但这并不意味着这一切是不可更改的。由于人所处的社会环境和接受的教育不同，在社会生活的各个方面都会表现出不同的身心特质和不同的素质，如身体素质、文化素质、业务素质、心理素质等。有些素质适应某项工作，有些不适合做该项工作，因此不同的工作岗位会对人的素质提出不同的要求。家禽孵化工的素质就是保证完成家禽孵化工作所必需的条件或要求。家禽孵化工作为专门技术的从业者也可能表现出不同的素质，有些素质有利于孵化工作的开展，但有些素质就不适合做这一工作，因此，孵化场对做这一工作的人员素质提出一些条件或要求是很自然的。这些条件或要求有高一些的，也有稍低一些的，但完成这一工作最起码的要求就是基本要求或基本素质。因此，孵化工的基本素质就是完成孵化工作活动所必需具备的最基本条件。

一个人的基本素质的形成与一个人所处的遗传环境、社会生活环境等都有关系。这并不意味着孵化工作人员的素质是与生俱来的，恰恰相反，这里强调的正是后天培养、锻炼和塑造。只有通过培养、锻炼才能获得身体上、心理上、人格上、业务上所应具备的特质。一个人在某一阶段可能还不完全具备某项工作要求，但是，通过一定的努力,如德育、技术训练等方式完全可以改变自己而最终适应它。当然素质的培养需要时间与金钱,任何一个企业都会尽可能地将这方面的投资压缩到最低,如果招聘前你就具备这些素质,就能够为企业节约培训成本。既然素质可以通过后天的教育或社会生活养成,那么愿意从事家禽孵化工作,而又不太符合孵化工基本素质条件要求的人员,完全可以通过一定努力,通过养成教育方式满足招聘企业提出的基本素质要求,最终顺利地被家禽孵化企业聘用或成为优秀的家禽孵化技术工作人员。

家禽孵化工的基本素质通常体现在3个方面:思想素质、身体素质和业务素质。

## 一、思想素质

思想素质包括的内容比较多,大致可以总结如下:

1. 具有吃苦耐劳、爱岗敬业的精神。
2. 慷慨大度,不斤斤计较,勇于负责。
3. 思想稳定,干一行爱一行的品性。
4. 思想道德高尚,乐于奉献。
5. 思想进步,乐于进取,能够求实创新。
6. 具有善于思考问题、分析问题、发现问题并及时解决问题的钻劲。
7. 大仁、大德、大爱,珍爱工作,关心同志,关心企业,关爱社会,关爱自然和关爱生命。

## 二、身体素质

1. 心理健康

无心理障碍,适应孵化工作的心理工作环境。

2. 身体健康

无与孵化相关的过敏性疾病和对孵化工作不利的传染性疾病。

## 三、业务素质

1. 熟知孵化环境和孵化条件要求,了解孵化工作流程。

2. 懂得孵化工作的各项规章制度。

3. 具备孵化基本知识,了解孵化工作原理。

4. 了解孵化机械设备、电子工作原理,安全使用常识和操作规程。

5. 掌握种蛋的选择、消毒、包装运输和贮藏方法。

6. 了解种蛋的大致结构,知道如何区分受精蛋与未受精蛋。

7. 快速准确地进行种蛋分级与码盘入孵。

8. 具备种蛋、孵化室及机器设备的清洁消毒技术,并能按程序操作实施。

9. 能按操作规程,熟练进行孵化机、出雏机等各种机器的日常操作,能及时发现和排除一些常见故障,停电时能及时采取有效措施。

10. 牢固掌握胚胎检查技术,能迅速准确地进行胚胎检查。

11. 准确进行雏鸡分级,正确区分健、弱雏。

12. 熟知机内工作"四必须"。进入孵化机工作,必须先将电源关掉,避免突然翻蛋造成挤伤;在孵化机附近工作,必须穿好工作服、戴好工作帽,避免风扇叶片搅缠衣服和头发造成人员损伤;到机顶工作人员要少,动作要轻,避免机顶负重过重而脱落下沉;上下梯子要放稳,以免歪倒摔伤人员或砸坏机器。

13. 严格遵守兽医卫生防疫制度。未经消毒不准入内,用具用品固定使用,工作人员不得串岗。对残弱雏等及时处理,按消毒程序进行各种消毒,最大限度地控制疾病发生。

14. 种蛋交接要及时,数量要准确;入库后排放整齐、分类清楚;上蛋时分批入孵,不得出现存期过长,导致孵化率下降的现象。

15. 售雏禽人员要严格手续制度,见单发货。把好质量、数量关,不准以次充好;端正服务态度,讲究文明礼貌,不得与客户争吵。

16. 工作人员要坚守岗位,忠于职守,按时按步骤进行机械检查。每次检查都必须注意记录温度、湿度情况,风扇运转情况,转蛋是否到位,风门开启如何,喷水是否正确,有无落地蛋或落地雏禽等。

17. 各种记录报表要及时填写,字迹工整、清晰,数字准确,签字署名,按时存档上报。

## 思考题

1. 孵化工的概念是什么?
2. 何谓孵化工的基本素质,包括哪几个方面?

# 第二章 家禽孵化场的规划、布局与建设

孵化工要对整个孵化场的场址选择、规划、布局、建设情况全方位把握,从全局出发,做好孵化工作。场址选择是决定规划、布局和建设的关键,应首先做好。选择时应根据孵化场的经营方式、生产规模、生产特点等基本特点,对环境、社会经济和地理位置进行充分调查研究,在科学论证的基础上把场址确定下来。

## 第一节 场址选择

### 一、环境调查

1. **自然环境调查**

包括对地形地势、水源、地质土壤、气候因素等方面资料进行勘测与收集。地形指场地形状、道路、河流、树林、居民点以及厂矿企业、养殖场等的位置。地势是指场地的高低起伏状况。场址的地下水位要低,以低于建筑物地基深度0.5米以下为宜。场地应比当地最高水位高1~2米,以免受淹,建筑区的坡度应在25%以内,减少挖填土方量。还应避开断层、滑坡、塌方,避开坡底、河滩、谷地及风口,以免受山洪和暴风雪的袭击。

2. **水源水质调查**

水源和水质关系到生活、生产和施工用水。孵化场在选址前要通过调查了解供水量能否满足需要以及水质的酸碱度、硬度,有无污染源和有害化学物质。应取样化验水质,经过调查达到人用饮水标准的条件方可建设。

3. **地质土壤调查**

了解当地地质的勘察资料。土壤对基础的耐压力,回填土的

土质松紧要均匀。

4. 气候因素

包括平均气温,绝对最高、最低温度,降水量,降雪深度,最大风力,常年主导风向。在孵化厅建筑的热工计算时,参照使用当地建筑热工舍外温度最高与最低的设计标准。

## 二、社会经济条件调查

在孵化场址确定前,要充分调查"三通"条件即通水、通电、通交通。同时,对环境与疫情也要掌握。由于拟建场地的环境和兽医防疫是孵化场经营成败的关键因素,所以要高度重视周边环境有无污染源。

## 三、地理位置的确定

孵化场是家禽安全生产的第一道天然屏障。它最容易被污染,又最怕污染。孵化场一经建立,就很难更改,不慎、误选,就会带来很多麻烦和重大经济损失。

为防制孵化场被污染,在选址时一定要保证:①3 千米内无大型化工厂、矿石厂等污染源和有害气体;②距离铁路、公路 1 千米左右;③距离其他养殖场、孵化场、屠宰场、垃圾和污水处理场,至少 2 千米;④3 千米内无木材厂及其加工厂,防止霉菌等污染孵化场;⑤远离噪声,如机场等;⑥与周围村庄签订协议,在孵化场周围 2 千米范围内不准建设孵化场、饲养场、动物医院等,切断污染源。

场址选择时,要从地理位置上获取优势,设法切断疫病的传播途径。第一,切勿在饮水源和食品厂河流上游附近建场,以免污染水源、食品而被迫停产或迁移。第二,孵化场位置应远离饲料加工场和饲料贮存车间,避免饲料受到污染。第三,5 千米内无种禽场,2 千米内无产品加工厂。第四,距离居民区、学校、幼儿园和敬老院等,至少在 1 千米以上,以免污染环境,影响人的健康。

## 第二节 家禽孵化场的规划、布局

### 一、家禽孵化场的规划

规划是对未来整体性、长期性、基本性问题的思索、考量,即未来设计的整套行动方案。它由法则、章程、标准、谋划,即战略层面的"规"和合算、刻画,战术层面的"划"两部分组成,"规"是起,"划"是落;规划从时间尺度来说侧重于长远,从内容角度来说侧重"规"即战略。它与计划密切相关但又不完全相同。计划的基本意义为合算、刻画,一般指办事前所拟定的具体内容、步骤和方法;计划从时间尺度来说侧重于短期,从内容角度来说侧重于"划"即战术,侧重于执行性和操作性。两者相比,规划更具有长远性、全局性、战略性、方向性。

家禽孵化场的规划是指家禽孵化企业对孵化场做出的具有长远性、战略性、全局性、方向性的方案。家禽孵化场的规划主要包括环境规划、生产规划等。

规划要考虑多方面、多层次问题。主要包括生产规划、工艺流程规划、生产工程规划、环境规划、建筑规划等,而且这些规划中还出现许多交叉现象,如环境规划与建筑规划,生产工程规划与环境、建筑规划等相互联系,又彼此交叉。

生产规模规划主要考虑企业的定位,方向,生产自用,生产销售等问题;工艺流程规划主要考虑进货,货物处置,孵化生产,以及雏禽处理,销售,疫病如何防控等问题;生产工程规划主要考虑根据生产工艺流程选怎样的工程设备,工程设备的采购、运输、安装、使用、安全、保养、维修及更新;环境规划主要考虑、道路工程,卫生环保工程,排污设施,冷暖调控,供水供电,环境绿化,建筑物布局等问题;建筑规划主要考虑建筑手续,建筑物类型,设计与施工等问题。

建筑是孵化场最基本的固定资产投入,在进行建筑规划时重点要考虑两大方面：首先是规模要求，在建设孵化场前首先进行市场调研，把握好产供销的情况，对孵化行业的现状及未来的发展要有预测，如种蛋需要量、生产批次、销售或自用水平，据此决定建筑总体规模，以及经过细化的生产车间，管理办公室，仓库，供销部及停车场的规模。其次是土建要求，孵化场的墙壁、地面和天花板均应防火、防潮，便于清扫保洁与消毒；孵化场各室（尤其是孵化室、出雏室）最好不打立柱，以便孵化器、出雏器的安装。地面要平而光洁，既便于清扫消毒，也便于有轮的设施通过。门的要求，门高2.4米，宽1.2~1.5米，便于种蛋等的输送；门要能够密封，最好是推拉门。地面距天花板应保持在3.4~3.8米，孵化室与出雏室之间应设有缓冲间，以便落盘、移盘操作和卫生防疫。屋顶应设保温材料，保持天花板干燥，不凝结水珠。室内地面应设置下水道和排水系统，以便冲洗消毒。

大型的家禽孵化场会有各种类型和不同功用的建筑物。主要包括行政管理用房：办公室、会议室、财会室、管理人员房间、技术资料档案室等。职工生活用房：宿舍、食堂、医务室、浴室和卫生间等。孵化生产用房：孵化室、出雏室以及孵化厅内其他配套用房。生产辅助用房：门卫值班室，接待室，孵化场入口处的消毒更衣室、洗衣房，兽医、剖检和化验室，水塔、仓库以及配电房，锅炉房，车库，机修等用房等。建筑物的安排与建设是建设规划的重要内容或主体，而建设规划又是环境规划的重要内容。

在环境规划时，根据孵化场的特点、人本理论和各种建筑物的不同作用进行严格地区域规划。规划时，首先要以员工的工作、生活环境为本，兼顾孵化场的卫生、防疫和生物安全等问题，其先后顺序如图2-1所示。

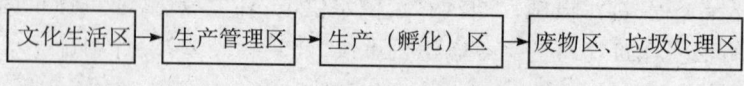

图2-1 家禽孵化场区域规划图

在环境规划时,要特别注意废弃物、垃圾堆放处和污水处理处,应远离孵化场,确保孵化场卫生。孵化场不同区域应规划成一个一个的隔离的场所,不同代次的孵化场或生产间应分别建设,以免造成种蛋和雏禽的混乱。孵化场的行政区、生活区、生产(孵化)区严格分开;货物、雏禽、废弃物等各出入口要严格分开,场内清洁道和脏污道要泾渭分明,互不交叉。功能要细化、明确。例如,清洁道用于进种蛋,出幼雏和干净卫生的设备设施通行;脏污道用于死雏、蛋壳等脏污设备的通行。为切断场外污染源,场外运输车辆不要直接进入生产区内,更不能直接进入种蛋库,要由专门的运送工具运入,依道路功能,沿其道安全进入。

环境规划时要充分考虑消毒与隔离问题。出入口与通道连接处均应设鞋底消毒池,净区和污区之间的连接处也应有鞋底消毒池,以便切断鞋底微生物传播的途径。鞋底消毒池应做成能存贮消毒液且四壁呈斜坡状的浅凹结构,以免影响厅内车辆通行。孵化场和孵化厅前、后入口处分别设消毒通道,入孵化室工作时,必须保证先后3次消毒。

孵化厅门窗入口,应设有防止飞禽、鼠类、爬虫、苍蝇、蚊、虻等昆虫进入的设施。

无论是单独规划或与饲养场统一规划,都要考虑卫生,安全,操作方便,效率和效益等问题。孵化场应配备种蛋运输车和运雏车,专车专用,每次运输后彻底冲洗消毒,并配备专用车库。所有物品必须经过彻底清洗、消毒后方可带入孵化厅。进"净区"的物品在种蛋接收室清洗、消毒,进"污区"的物品在雏禽接收室清洗、消毒。作为雏鸡盒垫料的木刨花或稻壳装袋经熏蒸消毒后,存放于孵化厅的仓库内。孵化场谢绝参观,原则上以观看录像代替进厅参观。建立来访登记制度并定期检查。为来访客人提供干净的服装和雨鞋,更衣后才可进入生产区。

道路及环境绿化也属于环境规划的内容。道路主要指孵化场总平面布局中的场内道路。道路规划时,同电路,上、下水管道的铺设及家禽孵化场的重要建筑设计要求一样,应尽量缩短距离,以节约建材和资金。供人员通行、种蛋运入、雏禽和废弃物运出的道路,要合理地布置和设计,既要方便出入,节约路程,又不至于让污物与净区接触。

供电线路和上、下水管道等可沿着道路规划设计,如果资金较充裕,最好均走地下。

家禽孵化场的绿化或美化是环境工程规划的内容之一,这一工程的规划与实施在美化环境,改善环境小气候方面发挥重要作用。因此,要尽可能在道路两旁或道路间植树,种花卉,铺草坪,条件允许时也可以修造假山、小桥和池塘、喷泉等,把孵化场建造成干净卫生,风景优美的园林式场区。

**二、家禽孵化场的布局**

孵化场与养殖场的规划布局一样,本着节约用地、环境保护与再利用原则,因地制宜、可持续发展原则进行规划布局,一定要在保证生产,利于工作,保证人员和幼雏的健康安全的同时,满足孵化生产的工艺流程要求。要根据具体需要和发展要求确定孵化场生产区的占地面积和规模,要留有足够的拓展空间。孵化厅不能过于狭小,尽可能不给生产操作造成不利和不便的影响。合理利用资源,不能造成建设投资的浪费。

一条龙生产的企业,孵化场在与种禽饲养场,蛋用或肉用禽饲养场同时规划的基础上合理布局,根据种禽场或商品生产禽场的生产规模而定。一般按种禽每周所产的合格种蛋数作为一个批次的生产孵化量,如果每周孵化两批,则按 3~4 天种禽场生产的合格种蛋,确定规模。再以此为根据确定孵化器、出雏器或孵化出雏两用设备的型号、台数,以及孵化场、孵化厅的大小和各库、室或生产车间的面积和规模。

依靠采购种蛋,销售禽苗发展的独立生产孵化场,在单独规划建设时,应根据家禽业的发展状况进行规划、定位。准确把握服务对象,服务范围,社会需求量以及种蛋数量和种蛋质量。做到以市场定生产,以生产定规模,最终确定孵化场的面积。孵化室、种蛋库,以及运输设备的规模都要考虑,特别是种蛋库是必不可少的。另外,还应考虑场内道路、停车场、绿化带、供水供电、供暖以及场内垃圾清运和污水处理与排放问题。先将生产区的占地面积和规模确定下来。然后,根据生产规模将生产区、供销部、办公区和生活区统筹考虑,并根据生产流程操作要求进行合理规划、布局,最终确定孵化场的整体规模与占地面积。如果只对孵化生产区进行规划时,孵化场的布局可按照图中工艺流程设置相应的场所,库、室或操作间及其他的设施系统,如水、电供应系统和道路、排水、排污系统等。孵化场从种蛋到雏禽生产的一般工艺流程如图2-2。

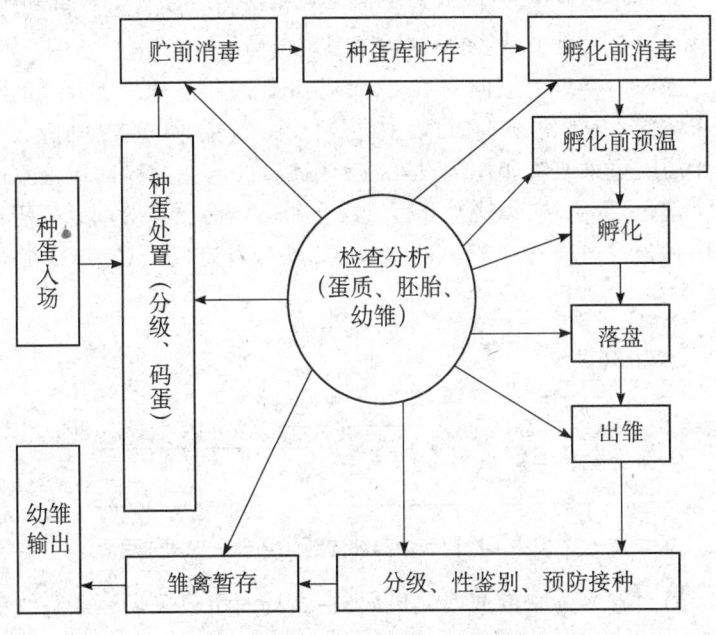

图2-2　家禽孵化生产工艺流程图

如果是独立的孵化场或大型的孵化生产企业,布局时应以孵化室和出雏室为中心,根据流程和服务项目确定孵化场的布局。

安排好其他各室、库位置、面积,尽可能减少运输距离和人员在各室之间的来往不便,要有利于防疫和有利于提高建筑物的利用率。

场内安排人员生活居住时,应该照顾到人与雏禽的关系,即不能让动物影响人的生活与健康,也不能让人影响到孵化生产。

一般布局时都要考虑风向问题,特别是养殖、孵化一条龙生产的企业,更应解决好风向、地形和各类建筑物间的间距等问题。具有生产、生活等多个区的养殖场或孵化场,生产区是总体布局的中心,在布局时,要根据各地区的主导风向,把孵化室安排到上风向。与饲养生产区统一规划在一个大场区的孵化场或孵化室,更应考虑风向问题,从上风向至下风向,根据孵化养殖生产的工艺流程,应优先安排孵化生产区,然后再按排养殖区,在养殖区内再按育雏室、中雏室、大雏舍、成禽舍的顺序规划布局。

当风向与地势坡向一致时,布局如图 2-3。如果主导风向和地势坡向不是同一方向时,以主导风向为主;主导风向与地势坡向有矛盾时可采取诸如挖沟设障或利用偏角(与主导风向线垂直的两个偏角)等方法,设法避开因风媒介影响产品质量等问题。孵化厅的种蛋入口应在主导风的上风向,雏禽出口(尤其是废弃物出口)应在下风向。

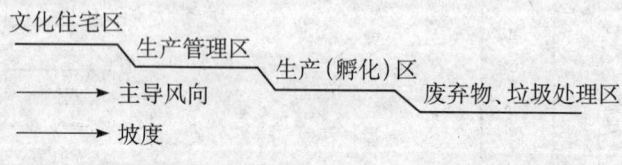

图 2-3 按主导风向和地势坡向孵化场分区规划先后顺序

河南省多为东南或西北风向,在布局时可以采用一条直线的规划方案,东西走向布局。生活区在东,办公楼在中,孵化生产区可考虑在西布局等。布局时要考虑间距问题,生产区、贮藏室要保持一定的距离,既不能太远,也不能太近,最好以封闭的通道相连接。

## 第三节 孵化厅各室建筑设计的基本要求

孵化厅内公共设施与"净区"和"污区"之间的通道应分开,两通道与公共设施连接处应设鞋底消毒设施,"净区"和"污区"之间的连接处也应有鞋底消毒设施,以便截断厅内通过鞋底传播病原微生物的途径。该消毒设施是能存贮消毒液的浅凹的地面,以免影响厅内车辆移动。

**一、种蛋接收室**

要有足够的空间,面积要能驶入运蛋车和留有适当的操作空间。为满足种蛋的生理需求,室内设施要完善,应有通风、照明和取暖设施。通常室温保持在20~25℃。通风时采取等压通风。种蛋接收室大门关闭,仅开种蛋接收窗,以防止厅外送蛋人员进入厅内。该室兼用作进入"净区"用品、工具消毒处。

**二、种蛋处置室**

收种蛋、验收、洗蛋、码盘、装车。设洗手消毒盆,有上、下水设施,排水暗管连接孵化室。室温保持在22~25℃,相对湿度为50%~60%,等压通风。

**三、种蛋贮存室**

要求密封、保温、隔热。室温保持在18℃以下,相对湿度为75%~80%,等压通风。

1. 墙壁

种蛋贮存室内四周墙壁要用保温材料做隔热层。一般先砌空心砖再用水泥砂浆抹平,最后用白水泥罩面。也可选用新型材料做保温层。

2. 顶棚

天花板用聚苯乙烯板材做隔热层(厚约80毫米)。地面至顶棚高2.4米,以保持良好的保温效果,也减小了制冷空间。

3. 门、窗

种蛋贮存室可为折叠双层门,中间填以保温材料(如厚50~60

毫米的聚苯乙烯),不设门坎,但要密封。不设窗户。

4. 体积

根据种蛋贮存方式和每次入孵量以及制冷设备位置来确定种蛋贮存室的长、宽、高。应尽量缩小种蛋贮存室的体积,以降低空调(或制冷设备)运行时间。这样既节电又延长空调(或制冷设备)的使用寿命。

### 四、种蛋消毒室

要求密封,配备排风扇。室温26~28℃,相对湿度为75%~80%,等压通风。

1. 体积

根据孵化蛋盘车规格和一次入孵量所需的车辆数量及留有操作空间,来确定种蛋消毒室的长、宽、高。按一次最大消毒量设计,一般以每次入孵量一次消毒为准。

2. 门、窗

门不设夹层,厚度根据材质而定,但不超过40毫米。门要密封,以免消毒气体外泄。不设窗户。

3. 顶棚

用PVC扣板吊顶,地面离顶棚高2.4米。尽量缩小种蛋消毒室的体积,以节约消毒药的用量。

通风有强力排风设备,以便将消毒后的废气通过排风扇和管道排放至室外。

另外,为了孵化蛋盘车进出自如,不产生碰撞,应设孵化蛋盘车滑道及定位卡块。

### 五、孵化室

室温24~26℃。相对湿度为55%~65%,正压通风。该室应为无柱结构,以免影响入孵器的布局及操作管理。

多采用双列连体方式排列,可较好利用空间,一般3~5个入孵器连体后留有90~120厘米的横向通道,以便于管理。入孵器离墙约1米,中间工作通道约3米。一般双列式孵化室内径宽度:孵化器离墙1米×2+孵化器厚度×2+中间工作通道3米。长度根据入孵器型号、台数以及适当的横向通道而定(孵化室内径长度＝入孵器宽度×台数/列+横向通道的总宽度)。从地面到天花板的高度为4~5米。若是巷道式孵化器,则应达4.6米。

### 六、移盘室

室温保持26~28℃,相对湿度为55%~65%。兼用作移盘前出雏盘车的预热、消毒处和移盘后孵化蛋盘车冲洗消毒处。为此,可通过吊顶,将其高度降至3米左右,宽度与孵化室相同。因为该室要放置移盘设备、孵化蛋盘车、出雏盘车以及留有足够的操作空间,所以面积不宜太小。该室最好采用正压通风或等压通风,以防止出雏室空气污染移盘室和孵化室。

### 七、出雏室

温度保持在24~26℃,相对湿度为55%~65%,负压通风。该室主要需处理好通风换气,尤其是出雏期间雏禽绒毛的收集、排放以及排水问题。避免出雏室的浊气、污水流向移盘室、孵化室。面积根据出雏量和出雏器型号、数量而定。一般出雏器台数为孵化器的1/4。多采用双列连体方式排列,可较好利用空间。连体的左右侧各留80~100厘米宽的通道,以便到出雏器背后进行操作管理和维修。一般出雏器离墙约1米,中间工作通道约3米。出雏室宽度和高度与孵化室相同,长度根据出雏器型号、台数以及留适当横向通道而定。大的出雏室应堵隔成几个独立的小间,一般以两个为宜。这样两个小间轮换作业便于清洗,有足够时间使出雏器内干燥和消毒。

### 八、雏禽处置室(雏禽待运室)

室温22~26℃,相对湿度为55%~60%,负压通风。该室进行雏禽雌雄鉴别、免疫接种及其他技术处置,三组工作既要有放置设备、雏禽的空间和相应的操作空间,又要相隔一定距离,以免互相干扰甚至错拿雏禽。因此,面积不宜太小。如果该室兼用作雏禽待运室,为创造雏禽暂存的良好环境条件,此时可改为正压通风。

## 九、接雏室

室温 22~25℃,相对湿度为 55%~65%,正压通风。应有取暖、照明和通风设施,以免接雏时雏禽受冻,同时,也能改善工作环境。该室一般兼用作进入"污区"用品、工具消毒处。面积要能驶入运雏车和留有适当的操作空间。

## 十、洗涤室

室温 22~25℃,相对湿度无特殊要求,负压通风。洗涤室面积根据入孵量或出雏量而定。该室应配备高压清洗机,还可配备蛋雏盘清洗机。

## 十一、雏禽室

根据雏盒规格和出雏量决定该室面积。该室要求保持干燥,如果与洗涤室相邻,其隔墙要做防潮处理,以免雏盒受潮。要注意防鼠害。

## 十二、其他

办公室是孵化厅负责人办公地方,仅处理内部事务,不对外办公。

技术资料档案室是孵化厅技术人员办公场所,存放各种记录表格及统计资料。若孵化厅有监控系统,该室兼做监控室,通过监控主机监视和控制孵化厅内孵化设备的正常运行。沐浴更衣室应安装取暖、照明和通风设备。室温保持25℃以上。注意私密性,不设透明玻璃门、窗,仅设固定式采光高窗(上圈梁下方),并镶毛玻璃。应配备更衣柜(前、后更衣室各1套),分别放置孵化场入口处的衣物和孵化厅杂物。门卫值班室负责人员进出孵化厅的管理,接听电话,传递信息等工作,要有完善的工作环境和条件,做到机控和人控。放工具及易耗品仓库数和面积要充足,要求干燥清洁,有照明设备和安全防护设施。餐厅(有时兼会议室)用于工作人员中午就餐,以及工作前布置任务、交接班和有必要时的通报会。暖气、冷气房(及锅炉房)与发电机房、配电室负责孵化场供电,调节温度、湿度,通风换气以及安装水加热控温系统设备。该房间一般建在孵化厅背面中部,亦可建在出雏端的山墙外。

## 第四节 雌雄鉴别室的设计

**一、雌雄鉴别室的位置及布局**

雌雄鉴别室常与雏禽处置室合用,必要时应单独设置。常与出雏室及雏禽免疫及雏禽待运室相通,以便于将初生雏及时送到鉴别室,鉴别后的雏禽经过免疫及时存放在雏禽待运室。鉴别室内的布局,可根据具体情况而定。因为室内既有未鉴别的混合雏,又有鉴别后的雌、雄雏,所以各种雏禽要有自己的存放位置和面积,以防止出现错乱;雏禽尽量离鉴别员近些,以节省搬运雏禽的时间。

**二、雌雄鉴别室的设计要求**

鉴别室设计总的要求是:要有足够的面积,便于消毒、通风、保温,遮光好,照度低。

鉴别室的总面积,应根据鉴别任务的大小而定(最大出雏量和每位鉴别员6 000个混合雏计算),每个鉴别员占地面积一般不少于12平方米(包括存放鉴别雏的地方)。

地面要求水泥或水磨石地面,平坦无积水,有上下水道,以便每次鉴别完毕后冲洗消毒。为了便于清扫冲洗,在离地1米高的墙壁上,用水泥抹平并刷上油漆或防水涂料。为了保温和遮光,在离地1.7米以上开一宽90～100厘米的条形窗。鉴别室平时只有1个出入口,也就是孵化厅的人员出入口,鉴别员出入鉴别室都要消毒更衣。设计时,室内还应有接通出雏室、洗涤室和雏禽待运室的门,这些门平时均上锁。

**三、雌雄鉴别室的温度、照度和通风**

虽然初生雏禽绒毛短稀,御寒能力很差,需要较高的环境温度,但在雏盒里的雏禽密度大(以鸡为例每只雏仅占约27平方厘米。即每平方米高达370只,为育雏室雏鸡密度的15倍),当环境温度为26℃时,由于雏鸡产热,盒中温度可达39.2℃。故鉴别室的室温保持在22~26℃即可,这样鉴别人员也不致感到不适。室内光线要暗些,这样雏禽较安静,也不影响鉴别光线的集中,照度一般为10勒(3瓦/平方米)。窗户最好有黑红布遮光,设空气调节器,以便排出室内污浊空气和余热。

## 第五节 家禽孵化场建筑的生物安全

孵化场生物安全,就是指采取必要的措施,最大限度地减少物理性、化学性和生物性致病因子对禽类造成危害,保证种蛋胚胎健康、正常发育,无蛋源性垂直传染的疾病,提供无严重传染病的雏禽,使孵化场获得高经济效益的生物安全体系。同时,使孵化生产过程所产生的"三废"不致污染环境,不影响人类的健康。生物安全体系,包括隔离、传播控制和卫生条件三方面。广义地讲包括用以切断病原体传入途径的所有措施。为保证生物安全,孵化场建筑时必须充分认识,切实做好这一工作,做好最基础工作,才能使一系列的动物安全保护措施得以实施。孵化场建筑的生物安全的核心是:①正确选择场址;②孵化厅工程工艺流程合理;③完善的隔离设施和卫生消毒设施。

**一、正确选择场址**

孵化场场址选择是从源头杜绝病原传播的关键措施之一。正确的场址选择,既有利于今后的安全生产,又可避免破坏生态环境,危及食品生产、饲料生产以及人类的健康。因此,正确选择场址是做好动物安全的前提和基础。

**二、孵化厅工程工艺流程合理**

孵化厅工程工艺流程设计建设的合理与否关系到动物安全问题,孵化厅建筑的选型配套与分区以及孵化配套设备的选择等,尤其是"净区"和"污区"的区分都关系到孵化生产工艺流程能否按照严格的防疫要求正常运作,以及是否有合适的配套设备供使用。另外,孵化厅还应留有扩展的空间,以免扩建后打破原来的生产工艺流程,从而影响动物安全。

### 三、完善的隔离设施和卫生消毒设施

孵化场应设防疫沟、围墙、多种专用消毒通道、隔离绿化等设施。在建筑结构设计上要按卫生消毒要求的设施规化。尽可能采用耐高压冲洗消毒材料,并有完善的排水系统和符合卫生防疫的通风系统。加强卫生防护、完善工程防疫设施,确保孵化场动物安全。

动物安全除在建筑工作中抓核心外,还要实行精细管理制度,建立种蛋、雏禽安全追溯系统,制订各项安全工作指标,尽可能缩短我国家禽生产水平与先进国家的差距。

### 思考题

1. 孵化场的场址选择应注意哪些?
2. 孵化场的规划应注意哪些?
3. 如何对孵化厅进行布局?
4. 试写出家禽孵化生产的工艺流程。
5. 初生雏禽雌雄鉴别室的设计要求有哪些?
6. 孵化场建筑的动物安全的涵义是什么?

# 第三章 家禽孵化场的设备与设施

为完成从种蛋到雏禽这一孵化生产的工艺流程,孵化场需要配备相应的设备,设置各类的设施。由于孵化场的规模、孵化器类型及服务项目各异,设备的种类和数量也不尽相同。常见设备主要包括运输设备、孵化设备、水处理设备、供电供暖设备,其他辅助设备及通风换气设施等。

## 第一节 运输设备

运输设备主要有运送蛋箱、雏盒、及种蛋的平板四轮车,两轮手推车,种蛋运输车;还可用滚珠式或皮带式的运送机;有送雏禽上门服务项目的还应配有空调(温度保持18℃左右)运雏车等。

## 第二节 孵化设备

孵化器是孵化场的主要设备,其类型繁多,规格各异,自动化程度也不同。图3-1为山东金祥孵化器。

图3-1 山东金祥孵化出雏两用机

孵化器的类型多种多样。孵化器可分为单独的孵化器、出雏器和孵化出雏两用的孵化出雏器。孵化出雏两用孵化出雏器实际上是把孵化器与出雏器组合在一起的出雏孵化两不误的一种设备,中小型孵化场多采用此类设备。孵化场将会根据能源供应条件、生产规模、种蛋的品种类型,购置不同类型的孵化器及配套设备。

孵化器总体质量要求:整个孵化箱内应能保持温度均恒,四角及中央5只温度计的温差要小,安全可靠。便于操作,故障少且容易排除。孵化、出雏效果好。要便于装卸、运输,当然还要价格便宜,美观实用。

在选择孵化器时要注意两个问题:一是根据孵化场的规模及发展,决定孵化器类型和数量以及孵化、出雏的配套比例(即入孵器和出雏器的数量);二是根据本单位技术力量(尤其是电工素质),选择孵化器类型。

孵化器由孵化或出雏系统与控制系统组成。除外壳外,孵化器还包括蛋架、翻蛋设施、匀气扇、供热系统、供湿系统、通风换气装置等部件。

孵化器外壳由两侧箱板、顶箱板、后盖板、前面板、主机自控箱操作盘等部件组成。机体外壳要坚固美观,可用双层彩钢板作内外壳,中间填充优质泡沫板作保温材料。

通风换气装置:要完整灵活,自动换气装置设有可调节的进排气孔,采用混流式,对称性将新鲜空气送入机内,保证机内换气的需要。

控温装置:要精确、准确,控温系统大多采用微电脑数控技术,能及时发出指令,进行调温。根据需要将温度调整之后即可全自动运行。此设备应无噪声、寿命长、精度高,同时与高温报警系统结合,意外情况下通过报警器进行声光报警。高温报警的同时,自动起动降温装置以保证孵化期所需要的标准温度。

翻转设施:由电动机作动力,使蛋架的位置前后移动正负45°。

翻蛋设施要可靠,无杂声,往复运动,舒缓而稳定。

供湿系统:能自动调控孵化箱或出雏箱内的相对湿度。及时补充湿度,并符合每个孵化阶段的需要。

## 第三节 水处理设备

孵化场用水量较多,需要较多优质水,而且有些设备对水的质量要求较高,必须对水质进行处理,因此,孵化场必需有足够的水处理设备及设施。主要包括取水、供水设备如抽水机、供水塔、自来水管等供水和排水系统。如经常间断性停电或水中杂质(主要是泥沙)较多时,应配有滤水设备。在北方很多地区,水中含无机盐较多,如果使用有自动喷湿和自动冷却系统的孵化器必须配备水软化设备,以免湿喷嘴堵塞或冷排管道堵塞或供水阀门关闭不严而漏水。目前,国内尚无孵化场专用的水软化设备,可选民用或工矿企业用的产品代替。水中矿物质含量和微生物含量高时,应加氯处理消毒,以保证孵化场用水有适宜的含氯量,水中加氯还可减少铁的氧化,从而减少水管和阀门的锈蚀,避免喷嘴堵塞。

## 第四节 冲洗消毒设备

冲洗地面、墙面用的是高压水枪配套设备。冲洗消毒设备有多种型号,目前常用国产冲洗设备。如喷射式清洗机较适合孵化场的冲洗作业。这种设备可转换3个不同压力的水柱,即"硬雾""中雾"和"软雾",可根据需要分别对地面、墙壁、车辆,孵化器外壳、出雏盘和架车式蛋盘车、孵化盘,孵化器内部、蛋架进行清洗。

消毒时,孵化场可选用 EIMX-J25 型消毒灭菌系统(图3-2)。外形长为890毫米,宽为700毫米,高为674毫米,最大喷洒射程达6米。该系统采用现代电子技术,集次氯酸钠消毒原液的生产、稀释和喷洒(雾)等多功能于一体,可用于孵化场、鸡场的消毒。它是由次氯酸钠发生装置、稀释桶喷洒(雾)装置、增压泵、管道系统和小推车等部分组成。次氯酸钠消毒液用食盐和水作原料,现配现用,操作简便,成本低廉。

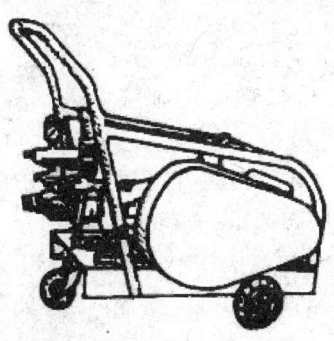

图3-2 喷射式清洗机

## 第五节 发电设备或燃煤、燃气设备

孵化场在孵化时,如果单独用电供热、照明时应配有发电机组,如图3-3所示;如果采用混合供热孵化器应配备有燃煤或燃气设备。

图3-3 陕柴-PC重油发电机组系列

## 第六节 孵化配套设备

### 一、孵化蛋盘架

用于运送码盘后的种蛋入孵,移盘时将装有胚蛋的孵化盘移至出雏室。一般用圆铁管做架,呈长立方形,两侧以对称方式焊有若干角铁滑道,四脚安有活络轮。特点占地面积小,劳动效率高,对于设有固定式蛋架的孵化器来说,是一项不可缺少的配套设备。结构如图3-4所示。

图3-4 500枚蛋盘架车

### 二、照蛋灯

检测种蛋和胚胎发育程度的必备工具。类型多种多样,可因陋就简,就地取材做成简易照蛋灯,在不用电的土法孵化时,最简单的方法就是利用自然光源在暗室某处留出光源孔,在白天,室外阳光充足时,通过小孔投射的自然光照蛋。大型孵化场,常用的照蛋工具为照蛋灯。其外观似吹风机,内有降压变压器,把220V的电压变成12~36V的安全电压,一般由手柄、开关、风扇、反光圈、灯泡及外壳等部分组成。如图3-5所示。

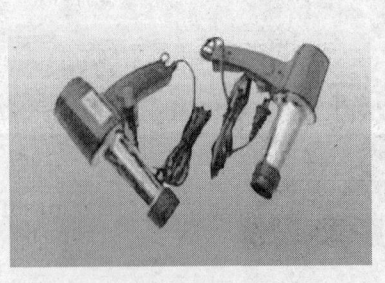

图3-5 CNJKZ牌照蛋器

### 三、接种疫菌设备

连续注射器用于1日龄雏鸡接种马立克氏病疫苗(图3-6)。1日龄雏鸡喷雾免疫机是一种半自动的箱式喷雾机(图3-7),用于通过喷雾的方法向1日龄家禽进行家禽疫苗免疫。该方法通常推荐用于进行接种 IB（传染性支气管炎）、ND（新城疫）、TRT（火鸡鼻气管炎）和球虫病疫苗。

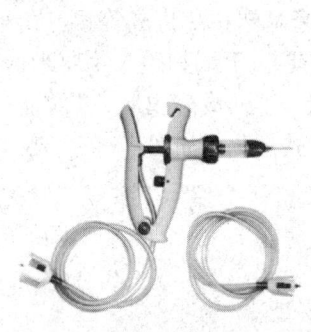 

图 3-6　接管式连续注射器　　图 3-7　笼养鸡喷雾机

## 四、雏鸡盒

用瓦楞纸板打孔（直径 1.5 厘米）做成上小下大的梯形，分 4 格，每格可放蛋雏鸡 25~26 只，规格为（53~60）厘米×（38~45）厘米×16.3 厘米。四个角各伸出 1 个高 2.7 厘米的 3.5 厘米×3.5 厘米的三角垫，叠放时在上下盒之间保持 2.7 厘米的间隙，以便通气和散热（图 3-8）。

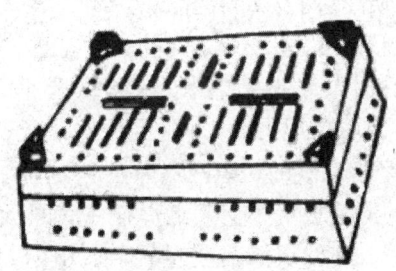

图 3-8　雏鸡盒

## 五、种蛋盘

种蛋盘分孵化盘（移盘前用）和出雏盘（移盘后用）两种。为使胚胎充分、均匀受热，要求通气性好，不变形，安全可靠，不掉盘，不跑雏。

孵化盘有木质铁丝栅式、木质栅式及塑料栅式和孔式等几种孵化盘，现多采用塑料制品。栅式塑料孵化盘用厚1.2厘米、宽5厘米塑料板粘合成框。框条用厚1毫米塑料片折成等腰三角形凹槽中。相邻两根栅条上端距离4.4厘米、下端距距3.4厘米，孔式塑料孵化盘，孔眼为圆形或正六角形，排列成蜂巢状，以增加单位面积装种蛋数量，孔眼为正方形的孔式孵化盘如图3-9所示。

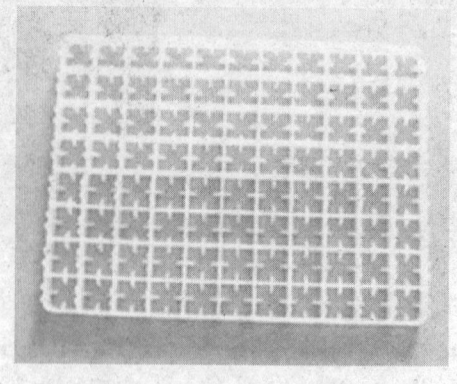

图3-9 88枚多功能孵化蛋盘

出雏盘有木质、钢网及塑料制品。

**木质出雏盘**：透气性差，不易清洗消毒，现已少用。

**钢网出雏盘**：用0.5~0.7毫米的钢板做框，框高9.5厘米。侧边点焊上用钢板冲压拉成的菱形网（孔眼对角线长1.2厘米），底网用6毫米×6毫米网眼的纺织网点焊在框架上，并用两根宽3厘米、厚1.2毫米的薄钢板十字交叉点焊托住底网，最后镀锌或喷塑处理，见图3-10。这种出雏盘重量轻，透气性极好，便于清洗消毒，但使用2~3年后须用清漆刷一遍。

**塑料出雏盘**：无毒、无味，框壁厚8毫米、高10厘米，侧边及底部开有若干宽7毫米的条形透气孔，底网孔眼5毫米×40毫米。优点是透气性好，结实，不锈蚀，便于清洗消毒，见图3-11。

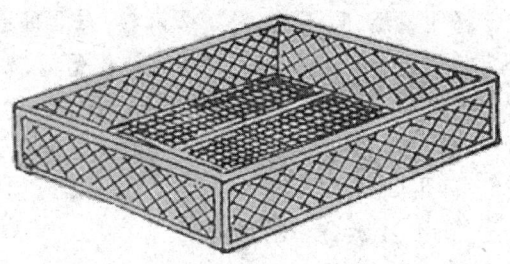

图3-10 钢网出雏盘

图3-11 塑料出雏盘

## 六、真空码蛋器

在国内多采用手工操作,装盘码蛋,劳动强度大,速度慢。国外和国内大型孵化场已采用真空设备进行码蛋操作,能够将鸡蛋(种蛋)从一个蛋盘(蛋托)吸起,放入另一个蛋盘(蛋托)。使用设备速度快、效率高、减少破蛋率、减少污染,把工作人员从繁重的体力劳动中解脱出来,并可以减少操作人员,降低生产成本。常见的有意大利生产的真空码蛋器,如图3-12所示。该设备具有多种规格,适合各种不同的蛋盘(蛋托),利用产生的真空,设备将种蛋从一个蛋盘(蛋托)吸起,然后放入另一个蛋盘(蛋托)。利用这种设备码蛋速度快、效率高,避免手工码盘时,手接触种蛋造成污染和破蛋,大大减少了破蛋率和减少种蛋污染。

该码蛋器轻便灵活,吸蛋、放蛋安全可靠,有多种型号可供选用。EI-30 型用于箱式孵化器,容量 150 枚孵化蛋盘(吸蛋 5 次可装满 1 个孵化蛋盘)。E136 型、EJ-42 型用于巷道式孵化器,一次可分别吸蛋 36 枚或 42 枚。必须提醒的是,因没有人工码盘的选蛋和将锐端向上、种蛋倒转等功能,所以凡使用吸蛋器的孵化厅,要特别强调种蛋钝端向上放置和剔除破蛋。

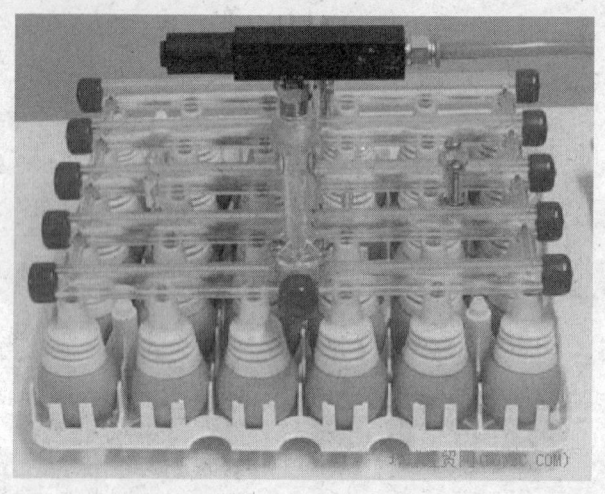

图 3-12 真空码蛋器

**七、蛋雏盘清洗机**

PX-100 型蛋雏盘清洗机是电子部第 41 所研制的家禽孵化生产中的配套设备(图 3-13)。主要用于清洗孵化盘和出雏盘。其冲洗区的内腔共配有 100 多个高压喷嘴,出口压力达 0.69 兆帕,射流角度可调,清洗覆盖面均匀且达 100%,1 次即可洗净达标,可大大减轻孵化工作人员的劳动强度及改善工作环境。

**八、移盘设备**

以往将孵化后期的胚蛋从孵化盘移至出雏盘,均采用手工操作,不仅费时费力、污染胚蛋,而且容易碰破蛋壳,造成出雏困难。为此,设计了固定式的真空吸蛋器,利用真空泵的动力,可一次将

图 3-13　风云牌 PX-100 型高压清洗机

150 枚胚蛋从孵化盘中吸起移至出雏盘中,完成移盘工作。该吸蛋器吸、放胚蛋动作平稳、轻捷、安全可靠。两人操作,每小时可移蛋 4 万~4.5 万枚,大大提高了工作效率,适用于大、中型孵化场。目前,大多采用扣盘移盘法,将胚蛋从孵化盘移至出雏盘,有机械扣盘移盘法(图 3-14)和手工扣盘移盘法。

扣盘移盘的步骤为:将装有胚蛋的孵化蛋盘放在移盘器的"下活动架"上—扣上出雏盘—扣上"上活动架"锁住—1 人。推动活动架(或不锁住,左右两人捏住活动架把手),迅速翻转 180°。孵化蛋盘中的胚蛋全部落在出雏盘。

**九、雏禽分级及雌雄鉴别工作台**

雏禽出雏后要进行分级和雌雄鉴别,必须在特定的工作台进行。出雏室的电动传送带将雏禽传送至雏鸡处置室工作台外周的可旋转贮雏槽中,槽边分坐 6 名初生雏禽雌雄鉴别员,对雏禽进行鉴别。然后分别将公雏或母雏抛送至工作台内周的相应漏斗状盛雏盆,并由盆底部的电动传送带送至离地面高约 80 厘米的捡雏平台,捡雏人员将雏禽捡至雏禽盒中。此外,国外大型孵化场还配备种蛋分级、洗蛋、绒毛收集等设备。

一台 Riva S121 鸡蛋分级机(图 3-15),处理能力:12 000 枚/小时。

图3-14 扣盘移盘器

图3-15 意大利进口 Riva S121 鸡蛋分级机

1. 直线型饲料喂养传送带直接与鸡笼的皮带连接。具有鸡蛋压力自动控制功能。

2. 验蛋室中横向有5排橡胶滚筒,以及5个荧光灯,鸡蛋旋转滚动,以此来验蛋。

3. 30个称重器将鸡蛋精确的分为7类。

4. 合成皮带将鸡蛋从称重器运输到手工包装平台。

5. 托盘支架支持。

6. 电压:三相,400伏,50赫兹,0.75千瓦(可根据客户需要改变电压和周期)。

7. Riva鸡蛋分级机、节能、安全环保,不会产生破损率。

**十、鉴别设备**

1. 鉴别桌

鉴别桌分为普通鉴别桌和配置有雏鸡自动计数器的鉴别桌。普通鉴别桌的规格:长130厘米,宽68厘米,高66厘米。配有计数器的鉴别桌规格:长125厘米,宽60厘米,高80厘米。桌面四边中部钉直径0.8厘米的圆柱形小木橛,以固定鉴别盒(图3-16)。

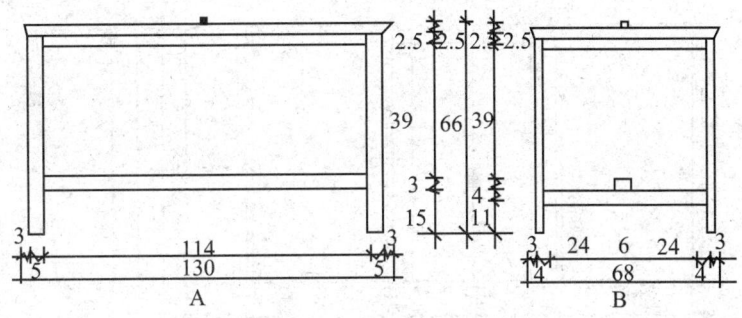

**图3-16 普通鉴别桌**(单位:厘米)

A. 正立面图;B. 侧立面图

2. 鉴别盒

鉴别盒是一个前低后高无底的长方形盒。可分为普通鉴别桌用的盒和配有计数器的鉴别桌上用的盒,前者稍大,与鉴别桌面大小相同,其规格为:长130厘米,宽68厘米,前高14厘米,后高20厘米。盒内由两块厚1.5厘米的隔板将其分成3格,中格较大,宽46厘米,放未鉴别的混合雏;左右两格大小一样(均宽38.5厘米),分别存放雌雏和雄雏。该盒无底较易清洗消毒。盒壁厚2厘米,底四边侧壁与鉴别桌的小木橛相应位置,各钻一深约1厘米的小孔,以固定鉴别盒。

配有计数器的鉴别桌上所用的鉴别盒较小,只设置有混合雏盒,其规格为长51厘米,宽60厘米,高14~20厘米(前高14厘米,后高20厘米),顶盖制成斜坡状,中间留有9厘米×9厘米的雏鸡进口方孔,并通过斜管开口于外侧壁底边的口径为6厘米×6厘米的雏鸡出口。经过鉴别的雌、雄雏,分别滑入左边或右边的雏鸡进口并通过斜管从雏鸡出口,掉入下面的雏鸡盒中。雏鸡盒左右各一(左放雌雏、右放雄雏),规格均为长37厘米,宽37厘米,高80厘米。每只雏鸡通过斜管中的光电接收器时,即被计数1次,并在雏鸡计数器中显示。当计数达到100只(或80只)时,计数器响铃示警,以便更换雏鸡盒。雏鸡计数器最后显示该鉴别员的鉴别雏鸡总数。(图3-17)

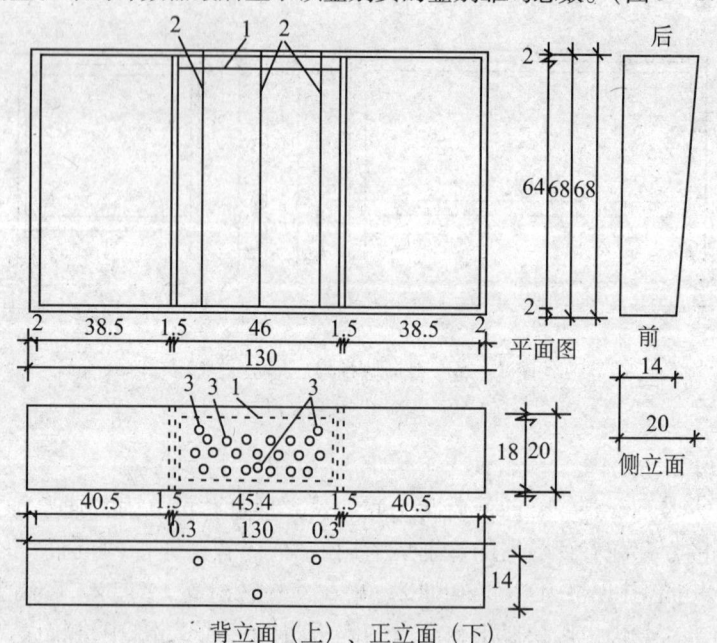

**图3-17 普通鉴别桌用鉴别盒**(单位:厘米)
1. 雏鸡调节板; 2. 滑道; 3. 进气孔

3. 鉴别椅

要求椅面离地高 45 厘米左右,最好用转椅,以便根据鉴别员的身材及习惯具体调节高度。

4. 鉴别灯

可用高脚座式反光手术灯。灯杆高不超过 80 厘米,蛇皮管长 30 厘米。一般用 40 瓦的乳白灯泡,如果鉴别员背靠墙坐,也可采用有伸缩架带反光罩的壁灯,鉴别时将灯拉出。

5. 排粪缸

可以医用油膏缸代替。缸高约 12 厘米,直径约 13 厘米。

**思考题**

1. 孵化场常见设备设施有哪些?
2. 孵化配套设备设施是什么?

# 第四章 种蛋选择、运输与贮藏

## 第一节 种蛋的选择

种蛋来自种禽,但是来自种禽的蛋不一定都是合格的种蛋,因此,在孵化前必须对种蛋进行选择。为了便于对种蛋选择,孵化工作人员必须对种蛋有所认识,对种蛋的构造形成过程等方面有所了解。

### 一、种蛋的构造

种蛋主要由蛋壳、蛋壳膜、蛋清、蛋黄和具有生命特质的细胞组成,如图4-1所示。

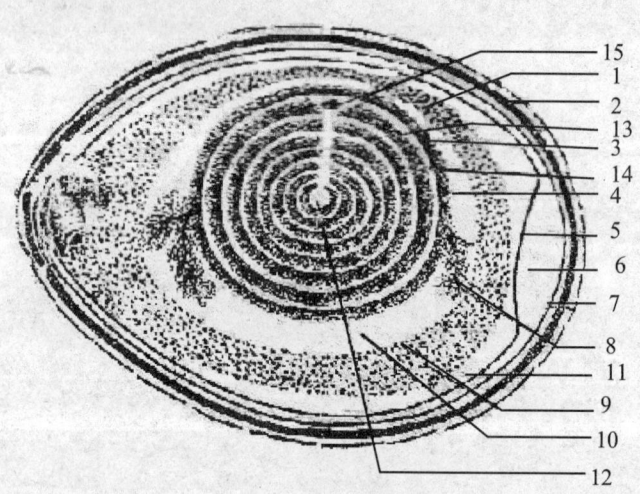

**图 4-1 禽蛋结构模式图**

1. 胶护膜;2. 蛋壳;3. 蛋黄膜;4. 系带层浓蛋白;5. 内壳膜;6. 气室;7. 外壳膜;8. 系带;
9. 浓蛋白;10. 内稀蛋白;11. 外稀蛋白;12. 蛋黄心;13. 深色蛋黄;14. 浅色蛋黄;
15. 胚珠或胚盘

注:本图引自邱祥聘. 家禽学[M]. 成都:四川人民出版社,1982,34.

## 二、种蛋的形成过程

种蛋是在家禽生殖器官中形成的,直接参与禽蛋形成的生殖器官主要包括卵巢、输卵管两部分。母禽为了适应飞翔的需要,经过长期的自然选择和进化形成了当前的卵生、胚胎体外发育的禽类。为了尽可能减轻飞翔时的负担,家禽右侧卵巢和输卵管在孵化的第 7~9 天即停止发育,出壳后仅保留痕迹。只有左侧卵巢和输卵管发育正常并具有繁殖机能,双侧发育正常的家禽个体极少。因此,可以说,禽蛋是在家禽左侧的生殖系统中形成的。

1. 卵巢

卵巢成结节状,位于禽体腹腔左肺紧后方,左肾前叶头端,以卵巢系膜韧带附着于背侧体壁,以腹膜褶与输卵管相连接。当禽处于休产期或性成熟前期,卵巢皮质有白色结节球状物,内含卵子的滤泡。母禽性成熟时或产蛋期,卵巢呈葡萄串状,上面有大小不等的滤泡。据研究,一个母鸡卵巢用肉眼可观察到 2 500 枚滤泡,用显微镜观察大约有 12 000 枚。有人估计家禽卵巢上的滤泡可达数百万枚,但其中只有少数能达到成熟并排卵。每 1 个滤泡含有 1 个卵母细胞或生殖细胞,最初生殖细胞在中央,随着卵黄的累积,生殖细胞逐渐上升到卵黄的表面,卵黄膜的腹侧。未受精的蛋,生殖细胞没有分裂,破开禽蛋观察时,蛋黄表面有一针尖状的小白点,称为胚珠。受精后的蛋,生殖细胞在输卵管运动中,经过分裂,形成中央透明,周围暗区的盘状形原肠胚,叫胚盘。卵子外围所包滤泡以其柄与卵巢相连,有如葡萄。滤泡上有许多血管,自卵巢上运来营养物质供卵子发育成长。滤泡与柄相对中央有一条肉眼看不见血管的淡色缝痕,叫滤泡缝痕,卵子成熟后,即由此破裂排出。卵巢髓质由纤维结缔组织、大量纤维细胞和平滑肌构成,其中还分布有丰富的血管和神经。

2. 输卵管

形成蛋的重要器官,为一弯曲长管,前端开口并游离于卵巢下方,后端开口于泄殖腔。产蛋期间,占据腹腔左侧很大部分,停产期间,萎缩变短。输卵管依其形态和机能不同,分为 5 个部分,即喇叭部、膨大部、峡部或管腰部、子宫部和阴道部,见图 4-2。

(1)喇叭部或称漏斗部　形似喇叭,为输卵管的入口,周围薄而不整齐,卵巢排出卵黄后,很快为喇叭部接纳,如母禽经过交配,精子即在此部分与卵子结合而受精。

(2)膨大部　为输卵管最长的部分,壁较厚,黏膜形成无数个纵褶,前端与喇叭部界限不明显,但可将有黏膜纵褶部分算作膨大部,后端以明显窄环与管腰部区分。膨大部密生腺管,包括管状腺和单细胞腺两种。前者分泌稀蛋白,后者分泌浓蛋白。

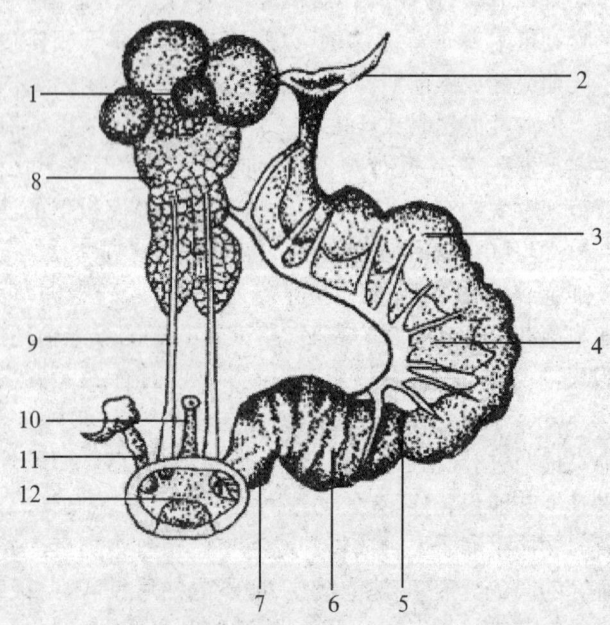

图 4-2　雌鹌鹑的生殖系统示意图

1. 卵巢;2. 漏斗;3. 膨大部;4. 回管;5. 峡部;6. 子宫;7. 阴道;
8. 肾脏;9. 输尿管;10. 直肠;11. 退化的右输卵管;12. 泄殖腔

(3)管腰部　为输卵管较窄和较短的一段,又称峡部。内部纵褶不明显,前端与膨大部界限分明,后端为纵褶的尽头。蛋的内外蛋壳膜在这一部分形成。

(4)子宫部 呈袋形的子宫部,管壁厚,肌肉发达。黏膜形成纵横的深褶,后端止于紧缩部分的阴道部。子宫部分泌子宫液、蛋壳和壳上胶护膜。有色蛋壳的色素也在子宫部分泌。

(5)阴道部 为输卵管的最后一部分,开口于泄殖腔背壁的左侧。阴肌膜发达,由于黏膜内无腺体,形成皱褶较其他部分均细。阴道对蛋的形成不起作用,蛋达到阴道部,只等候产出。蛋产出时,阴道自泄殖腔翻出,因此,蛋并不经过泄殖腔。交配时,阴道也同样翻出,接受公禽射出的精液。

3. 产蛋机理及蛋的形成过程

卵巢上有许多滤泡,每一个滤泡包含一个卵子。随着卵子发育程度的提高即滤泡生长大小可分为初级滤泡、生长滤泡和成熟滤泡3种状态。卵子在成长过程中,因卵黄累积逐渐增大,最早累积的为浅色卵黄,因此小的滤泡呈白色,此后深浅交替,累积成层。这种蛋黄累积交替成层的深浅颜色,被认为与昼夜新陈代谢速度的节奏性有关,即白天为深色,晚上为浅色。在性成熟期以前,滤泡虽大小不等,但生长都很缓慢,但接近性成熟时,生长中较大的滤泡迅速生长,并在排卵前发育成熟。据研究,脑下垂体前叶释放的一种促性腺激素——促滤泡素(FSH)可促进滤泡迅速生长,最后达到成熟。切除脑下垂体后,不仅滤泡不能继续生长,而且大的滤泡也迅速萎缩。如果再给这种母禽注射垂体前叶滤泡刺激素制剂,滤泡又可继续生长。至于卵子发生和滤泡早期生长,可能不由脑下垂体控制。但缺乏脑下垂体分泌的激素时,滤泡早期生长到何种程度,尚未断定。

在滤泡尚未迅速生长以前,输卵管呈线状。滤泡迅速生长后,滤泡分泌出雌激素,刺激输卵管,使其迅速发育,在短期内变成一个高度卷曲的、相当粗大的结构。雌激素还促使母禽出现第二性征和接受公禽交配。

滤泡成熟后,自滤泡缝痕破裂排出卵子的过程叫排卵,排出的卵子在未形成蛋前叫卵黄,形成蛋后叫蛋黄。据研究,排卵系由脑下垂体前叶周期性地分泌的、相当于哺乳动物促性腺激素的第二种成分促黄体素(LH)作用的结果。在禽类这种诱导排卵的激素叫排卵诱导素(OIH)。排卵诱导素大约在排卵前 6~8 小时大量分泌到血液中,然后作用到滤泡上,使滤泡缝痕领域内的许多微血管逐渐消失或变色,滤泡缝痕扩大,再加上可能因滤泡膜肌肉纤维的长期张力的辅助作用促使滤泡缝痕迅速破裂而将卵子或称卵黄排出。卵黄排出后,立即纳入输卵管的喇叭部。从卵子排出、蛋的形成到产出体外所需要的时间,实际上等于卵黄经过输卵管的时间。因此,蛋的形成期也可称为输卵管期。

家禽性成熟后,卵巢上的卵母细胞就会形成卵黄;输卵管在产卵母禽的体内,卵黄在从卵巢到总泄殖腔的卵管内下移期间,蛋白、蛋壳膜、蛋壳依次呈层状附着在卵黄上,最后是由一层薄的胶护膜覆盖在表面。形成的带壳蛋再从泄殖腔产出。

### 三、种蛋的选择方法

种蛋的选择通常用以下 3 种方法:感官法、透视法和抽检剖视法。

1. **感官法**

对种蛋的一些外观指标,通过看、摸、听、嗅等感觉来鉴定种蛋的优劣,它能判断出种蛋的大致情况。如蛋壳的结构、蛋形是否正常,大小是否适中,蛋壳表面的清洁度等可用眼看进行检查;蛋壳的光滑或粗糙,种蛋的轻重可通过手摸来完成。根据响声可判断是破损蛋还是完好蛋,方法:用两手各拿 3 枚蛋,轻轻转动 5 指,使蛋互相轻轻碰撞,听其声音,声音脆的即是完好蛋,有破裂声即是破损蛋。嗅蛋的气味是否正常,有无特殊臭味,从中可剔除臭蛋。感官法是我国农村孵化坊用来选择种蛋的常用方法。

2. **透视法**

对种蛋的蛋壳结构、气室大小、位置、蛋黄、蛋白、系带完整程度、血斑或肉斑,蛋黄膜是否破裂、裂纹蛋等情况,通过照蛋器作透视观察,对种蛋做综合鉴定,这是一种准确而简便的观察方法。

3. 抽检剖视法

多用于外购的种蛋。随机抽取几枚种蛋,将蛋打开,倒在衬有黑纸的玻璃板上,观察新鲜程度及有无血斑、肉斑。新鲜蛋的,蛋白浓厚,蛋黄高突;陈蛋的,蛋白稀薄成水样,蛋黄扁平甚至散黄,一般只用肉眼观察即可。对育种蛋则需要用蛋白高度测定仪测定蛋白品质,计算哈夫单位;用卡尺或画线卡尺测蛋黄品质,计算蛋黄指数(蛋黄指数 = 蛋黄高度 ÷ 蛋黄直径),新鲜的种蛋,蛋黄指数为 0.401~0.442;用工业千分尺或蛋壳厚度测定仪测量蛋壳的厚度。此法多在孵化率异常时进行抽样测定。

## 第二节　种蛋的包装、运输与贮存

### 一、种蛋的包装

种蛋包装最好用特制的纸箱和蛋托。每个蛋托放种蛋 30 枚,一个种蛋箱共放种蛋 300 枚,蛋箱装满后打包待运。

### 二、种蛋的运输

种蛋在运输过程中要求平稳、快速、安全可靠、种蛋破损少。严防震荡、日晒、受冻和雨淋。长距离运输最好空运,有条件可用空调车,温度为 12~16℃,相对湿度 75%。种蛋运抵孵化厂后,不要马上入孵,待静置一段时间后再上蛋孵化。

### 三、种蛋的贮存

种蛋愈新鲜,孵化率愈高。一般情况下种蛋从进入孵化厂进行种蛋分级和清洁后,装入孵化盘,置于蛋架车上贮存比较好,这样种蛋与种蛋之间的空气流通均匀,这是非常重要的,因为种蛋内有一个活的胚胎,它需要氧气只有在氧气充足的情况下,才能顺利地孵出优质的雏禽。

种蛋的放置应该小头向下。但是,当贮存时间较长时,应该将种蛋的小头向上且每天以 90°翻蛋 1 次。否则在贮存或孵化期间易使发育的胚胎变弱甚至致死。一般以产后 3~5 天为宜。贮存超过 4 天,每放 1 天,孵化率下降 4%,孵化时间延长 30 分钟。鸡胚发育的临界温度为 23.9℃,保存种蛋的环境温度超过此温度鸡胚即开始发育,最终导致鸡胚中途死亡。相反,若保存种蛋的温度过低,胚胎则易冻死。种蛋保存的适宜温度为 12~18℃,保存时间不超过 1 周采用上限温度,若保存时间较长则用下限温度。种蛋保存要求的湿度较高,一般为 75%~80%。蛋库要求通风良好、卫生干净,隔热性能好,能防蚊蝇老鼠,能防阳光直晒和穿堂风。大型现代化孵化厂应设有专用的蛋库,并备有空调机,可自动制冷或加湿,以保持种蛋贮存库的温度、湿度适宜。种蛋贮存 7 天内,可不翻蛋,若保存时间超过 1 周,则每天翻蛋 1~2 次。

种蛋入库贮存前要进行消毒。种蛋存放的位置是指种蛋在存放时,是立放或是平放,大头朝下或朝上放。一盘种蛋应立着放,且大头朝上。如果存放时间超过 4 天应大头朝下,以防蛋内水分变低后,气室变大,影响孵化效果;种蛋贮藏时间、条件和位置如表 4-1 所示;做好管理工作,注意翻蛋、观察、检验和卫生工作。

表 4-1 种蛋贮藏条件与位置

| 贮存时间/天 | 温度/℃ (°F) | | 相对湿度/% | 蛋的位置(小头) |
| --- | --- | --- | --- | --- |
| 1~3 | 22 | 72 | 70~80 | 向下 |
| 4~7 | 16 | 61 | 70~80 | 向上 |
| >7 | 12 | 54 | 70~80 | 向上 |

**思考题**

1. 种蛋的构造与形成过程如何?
2. 选择种蛋的方法是什么?
3. 如何对种蛋进行包装运输与贮藏。

# 第五章 种蛋的人工孵化

## 第一节 种蛋的处理

### 一、种蛋的分级和清洁

在大多数孵化厂分级清洁同时进行,通过拣选不合格的种蛋,可增加孵化率,减少次禽的数量,并使腐蛋破裂造成的交叉污染的危险性减少。不适合孵化的种蛋有:

①太小的蛋;②太大的蛋;③双黄蛋及脏蛋;④裂纹蛋;⑤蛋壳薄而粗糙的蛋;⑥畸形蛋;⑦气室扩大、异位或游移的蛋。

稍微脏的蛋可用纸或丝巾擦干净,清洁种蛋不要用湿布,因为这会增加细菌之间的传播。

### 二、种蛋消毒

1. 种蛋消毒的意义和时间

蛋产出后,往往被粪便、垫料、环境所污染,随着存放时间的延长,其污染程度加重。据测定,刚产出的蛋,其表面的细菌很少,经1小时后就可繁殖增加几十倍(表5-1),若不及时消毒,蛋壳表面的细菌就会通过气孔侵入蛋内,作用于蛋的内容物,降低种蛋的孵化率和雏禽质量。所以种蛋产出后应当尽快进行消毒,杀灭其表面附着的微生物。

表5-1 种蛋产出后在舍内的时间与蛋壳表面细菌数量的关系

| 种蛋产出后时间/分 | 刚产出 | 15 | 60 |
|---|---|---|---|
| 细菌数量/×$10^3$ 个 | 0.1~0.3 | 0.5~0.6 | 4~5 |

种蛋在产出后至开始孵化时的消毒至少应进行两次,一次是捡蛋后尽快进行第一次消毒,之后入库;另一次是在种蛋入孵时再

进行一次消毒。

2. 种蛋的消毒方法

种蛋的消毒方法大体可分为气体熏蒸消毒、消毒药液浸泡或喷洒、紫外线照射3大类。

第一类,气体熏蒸消毒。

(1)福尔马林、高锰酸钾熏蒸消毒法　在禽舍内或其他合适的地方设置一个箱体,箱的前面用塑料布遮挡,可以方便地开启和封闭,距地面30厘米处架设钢筋或木棍,其下面放置消毒盆、上面放置蛋盘。按照1立方米空间用福尔马林溶液28毫升、高锰酸钾14克,根据消毒容积称好高锰酸钾放入陶瓷或玻璃容器内(其容积比所用福尔马林溶液大至少4倍),再将所需福尔马林量好后一同倒入容器内,密闭30分钟后排出余气。此方法适用于各次消毒(表5-2)。

表5-2　高锰酸钾、福尔马林熏蒸消毒浓度

| 对象 | 种蛋 | 孵化室 | 出雏室 | 入孵器 | 出雏器 | 出雏器内雏鸡 | 雏鸡存放室、洗涤室、垫料、车辆 |
|---|---|---|---|---|---|---|---|
| 浓度 | 2× | (1~2)× | 3× | 3× | 3× | 1× | 3× |
| 时间/分钟 | 20~30 | 30 | 30 | 60 | 30 | 3 | 30 |

注:1×=(14毫升福尔马林+7克高锰酸钾)/立方米,室温24℃,相对湿度75%

采用该方法要注意几点:一是消毒的空间密闭要好,要求消毒的环境温度24~27℃,相对湿度75%~80%;二是熏蒸消毒只对外表清洁的种蛋有效,因此种蛋中的脏蛋应在挑出后,用湿布擦洗干净,若脏蛋较多,可用0.1%的新洁尔灭溶液浸泡5分钟后洗去脏物;三是甲醛气体具有刺激性,在操作使用时应注意防护,特别是把福尔马林倒入盛有高锰酸钾的容器时,动作要快,倒入后迅速离开,以防人员吸入甲醛气体;四是盛药物的容器容积要足够大,以免反应时药物外溅,浪费药物,同时影响消毒效果。

在实际操作时如果种蛋数量少,还可以在蛋盘架上罩以塑料

薄膜进行熏蒸消毒,这样可缩小体积,减少用药量。

(2)过氧乙酸熏蒸消毒法　按1立方米空间用1克过氧乙酸在环境温度20~25℃、相对湿度70%~80%的密闭环境条件下,将稀释后的药液置于容器内加温,20分钟后进行通风,排出余气。

第二类,消毒药液浸泡或喷洒消毒。

(1)新洁尔灭药液浸泡或喷洒法　孵化量少的种蛋消毒可用这种方法。取浓度为5%的新洁尔灭原液1份,加50倍40℃温水配制成0.1%的新洁尔灭溶液,把种蛋放入该溶液中浸泡5分钟,捞出沥干入孵。如果种蛋数量多,每消毒30分钟后再添加适量的药液,以保证消毒效果,也可用喷雾器把药液喷洒在种蛋的表面。因水禽蛋脏蛋较多,故该法较为常用;生产中还可用0.05%的高锰酸钾或0.1%的碘溶液浸泡种蛋消毒1分钟。

(2)农福液消毒法　农福250是专用于种蛋的消毒剂,用1:1 000浓度喷雾消毒,效果良好,且对机器没有腐蚀作用。

(3)季胺或二氧化氯喷雾消毒法　用含有200毫克/千克的季胺或80毫克/千克的二氧化氯微温溶液喷雾种蛋。另外,可用二氧化氯泡沫消毒种蛋(10毫克/千克)。

采用浸泡消毒法应注意以下3点:

(1)水温　消毒液的温度应略高于蛋的温度,一般要求水温在40℃,这一点在夏季尤为重要。如果消毒液的温度低于蛋温,种蛋由于受冻而使内容物收缩,使蛋形成负压,这样反而会使少量蛋表面的微生物通过气孔进入蛋内,影响孵化效果。

(2)注意药物配伍　在使用新洁尔灭时,不要与肥皂、高锰酸钾、碱等并用,以免药液失效。

(3)种蛋在保存前不能用药液浸泡法消毒　浸泡消毒方法会破坏胶护膜,加快蛋内水分蒸发,细菌也容易进入蛋内,故任何浸泡和喷雾消毒仅用于入孵前的消毒。

第三类,紫外线照射消毒法:入孵前,将蛋盘先置于紫外线灯下照射 1~2 分钟,蛋距灯 20 厘米;然后再把灯置于蛋盘下方向上照射,把蛋的背面再照射 1~2 分钟。这种方法照射不到的部位没有消毒效果,因此,紫外线照射消毒的效果不如上述几种方法。

## 第二节 孵化技术

### 一、孵化条件与控制

家禽胚胎母体外的发育,主要依靠外界条件,即温度、湿度、通风、翻蛋、凉蛋等。由于各种禽蛋的特点不同、品种不一,所需的孵化条件也不完全相同。因此,必须根据不同家禽种类的胚胎发育特点给以最适宜的孵化条件,才能使胚胎正常发育,并获得良好的孵化效果。

1. 温度

温度是家禽孵化的最重要条件。在整个胚胎发育过程中,各种物质的代谢都是在一定的温度条件下进行的。在孵化过程中胚胎发育对温度的变化非常敏感,合适的孵化温度是家禽胚胎正常生长发育的保证,正确掌握和运用温度是提高孵化率的首要条件。

(1)温度对胚胎发育的影响 胚胎发育的适宜温度为 37~38℃,温度过高过低都同样有害,严重时会造成胚胎死亡。通常,温度较高则胚胎发育较快,但较弱时,胚外膜血管易充血,如果温度超过 42℃,经过 2~3 小时后则会造成胚胎死亡。反之,温度较低,则胚胎的生长发育延缓,如温度低于 24℃时,30 小时胚胎便全部死亡。可见,发育过程中的胚胎对温度变化十分敏感。种蛋的最适孵化温度受多种因素影响,如蛋的大小、蛋壳质量、禽种、品种、种蛋的贮存时间、孵化期间的空气湿度、孵化室温度、孵化季节、胚胎发育的不同时期、孵化机类型、孵化方法等。

(2)恒温与变温孵化

①恒温孵化:恒温孵化就是孵化器内的孵化温度保持恒定不

变,但出雏器内的温度应稍微降低。这是一种适宜于种蛋来源少,需要进行分批入孵(即在一个孵化器内有多个日龄的胚蛋)所采用的施温方法。恒温孵化的节能效果明显,还可节省劳力,鸡、鸭、鹅的恒温孵化施温要求见表5-3、表5-4、表5-5。②变温孵化:变温孵化也称降温孵化,即在孵化期,随胚龄的增加逐渐降低孵化温度,它符合胚胎代谢规律,尤其是水禽胚胎后期代谢热多。为此,必须采用变温孵化以防止超温,同时使胚胎能在较低的温度下继续正常发育,还可为胚胎提供更为洁净的孵化生态环境,减少交叉污染,便于彻底清扫和消毒,也能降低生产成本及管理费用等。变温孵化适于种蛋来源充裕,孵化生产旺季时整批入孵所采用的施温方法。变温孵化施温方案见表5-3、表5-4、表5-5。

表5-3 鸡的孵化温度　　　　　　　　　(单位:℉)

| 室温 | 孵化机温度 | | | | 出雏机温度 |
|---|---|---|---|---|---|
| | 恒温(分批) | 变温(整批) | | | |
| | 1~17天 | 1~5天 | 6~12天 | 13~17天 | 18~21天 |
| 65 | 101.0 | 102.0 | 101.0 | 100.0 | 99.0 |
| 75 | 100.5 | 101.5 | 100.5 | 99.5 | 99.0 |
| 85 | 100.0 | 101.0 | 100.0 | 99.0 | 98.5 |
| 90~95 | 99.0 | 100.0 | 99.0 | 98.0 | 98.0 |

表5-4 鸭的孵化温度　　　　　　　　　(单位:℉)

| 禽蛋 | 室温 | 孵化机温度 | | | | | 入孵温度 |
|---|---|---|---|---|---|---|---|
| | | 恒温 | 变温 | | | | |
| | | 1~23天 | 1~5天 | 6~11天 | 12~16天 | 17~23天 | 24~28天 |
| 蛋鸭 | 75~85 | 100.5 | 101.0 | 100.5 | 100.0 | 99.5 | 99.0 |
| | 85~90 | 100.0 | 100.5 | 100.0 | 99.5 | 99.0 | 98.0 |
| 大型肉鸭 | 75~85 | 100.0 | 101.0 | 100.0 | 99.5 | 99.0 | 98.5 |
| | 85~90 | 99.5 | 100.0 | 99.5 | 99.0 | 98.5 | 98.0 |

表5-5　鹅的孵化温度　　　　　　（单位：℉）

| 室温 | 孵化机温度 | | | | 出雏机温度 |
|---|---|---|---|---|---|
| | 恒温 | 变温(整批入孵) | | | |
| | 1~23天 | 1~7天 | 8~16天 | 17~23天 | 24~30.5天 |
| 65 | 99.5 | 100.5 | 99.5 | 97.5 | 97.0 |
| 75 | 99.0 | 100.0 | 99.0 | 97.0 | 97.0 |
| 85 | 98.5 | 99.5 | 98.5 | 96.5 | 96.0 |
| 90~95 | 97.5 | 98.5 | 97.5 | 96.0 | 96.0 |

变温孵化温度控制的总体原则是"前高、中平、后低"，这主要是由于孵化的前期、中期、后期蛋内胚胎产生的温度逐渐增加，为了防止蛋内温度过高而设定的。

(3)看胎施温　在进行孵化的过程中，必须结合胚胎本身生长发育的情况"看胎施温"，灵活掌握。因为在种蛋的孵化过程中设备所显示的温度是孵化器内环境中的空气温度，而蛋内的实际温度与孵化器内的空气温度之间是有差异的。实验测定表明：鸡蛋在孵化第10天蛋内的温度比孵化器内的空气温度高0.4℃，第15天则高出1.3℃，第20天高出1.9℃。鸭蛋、鹅蛋在孵化过程中蛋内外的温差会更大。

①看胎施温技术的适用范围：看胎施温是指在人工孵化过程中，用灯光照蛋观察和检查胚胎的发育情况，根据胚胎发育的快慢，调节并提供适宜的温度，确保胚胎正常发育，达到每日发育的标准特征，从而获得良好的孵化率。看胎施温因以胚胎发育情况为依据，及时适当地调节温度，故其孵化效果较好。

看胎施温技术是从我国传统孵化法总结出的宝贵经验。掌握该项技术，就可以充分发挥人的主观能动作用，不论什么季节，用什么型号的孵化机具，采用何种孵化制度，都能保证孵化好、出雏率高。

②看胎施温的技术要点：

第一，熟练掌握禽胚在照蛋时看到的逐日发育标准。从事人工孵化的人员必须熟练掌握这一标准,才能正确对照。一般要求照蛋时间要准确固定,即从入孵后温度达到标准时开始,每经过24小时算1天。

第二,抓住关键时间照蛋,检查胚胎发育是否正常,以便准确调节温度。

头照:在孵化满5天时进行。这时发育正常的胚蛋能明显看到"起珠"的特征。如果看到的特征象"双珠",即前5天的发育快了,说明温度偏高,需要适当降温;假若只看到"小蜘蛛"和"叮壳"的特征,即表明发育慢了,是温度偏低的结果,需要适当升温。

抽检:用恒温孵化法,在第11天时进行,若用变温孵法则在第10.5天进行。这次照蛋时,发育正常的胚蛋应该刚好达到"合拢"的标准。如果尚未合拢,小头仅剩有一点亮的部分,并无血管充血或烧伤痕迹,则表明发育慢了(再过0.5天至1天还可以合拢),这是温度偏低的结果。若发现提前合拢,说明温度稍高,应该略微降温。

二照:在第17天时进行。这时正常胚蛋的特征是刚好"封门",这表明前17天发育很正常。如果尚未封门,同时无烧伤痕迹,表明发育较慢,温度偏低,但这时不可升温,只能延迟出雏了。因为这时升温极易烧伤,造成的损失比迟出的更大。假若提前封门了,表明发育稍快,温度略高,应该立即适当降温,以免往后烧伤。

第三,通过预检发现问题及早纠正,保证胚胎正常发育:预检在孵化的第3天进行。为了使第5天按时"起珠",需要在第3天进行一次预检。如果第3天时明显出现"蚊虫珠"的特征,即表明前3天温度适宜,到第5天可以按时"起珠";若预检时发现已有"小蜘蛛"和"叮壳"的特征,则表明温度偏高,要立即降温;假若预检时"蚊虫珠"还看不清,则说明前3天温度不足,应该适当升温,争取到第5天时能达到"起珠"的标准。

正确掌握和使用测温方法才能如实反映孵化的真实温度,也是取得最佳孵化效果的保证。测定孵化温度的方法,一是用孵化温度计测温;二是用眼皮测温,此法要经过一定时间反复实践,不断积累经验。另外,有些孵化设备的显示温度与机内的实际温度有差异,这必须在孵化实践中加以注意,并进行调整或标记,无论是孵化还是出雏温度一定要灵活掌握,决不可生搬硬套,以免影响孵化效果。

2. 湿度

(1) 湿度对胚胎发育的影响 湿度的作用不及温度重要,但适宜的湿度对胚胎发育是有益的,在孵化初期能使胚胎受热良好,孵化后期有益于胚胎散热。在出雏期间,湿度与空气中的二氧化碳作用,使蛋壳的碳酸钙变成较脆的碳酸氢钙,有利于雏鸡啄壳破壳。要使胚胎正常发育,蛋内水分的蒸发必须保持一定的速度,蒸发快或慢都会影响孵化率和雏鸡质量。蛋内水分的蒸发速度取决于湿度的大小。

(2) 孵化湿度的控制 孵化机湿度要求50%~55%,出雏机则以65%~70%为宜。湿度的调节,是通过放置水盘多少、控制水温和水位高低或确定湿球温度来实现的。湿度偏低时,可增加水盘,提高水温和降低水位;湿度过高时,应除去供水设备,加强通风,切忌地面喷水。孵化室内环境湿度对孵化器、出雏器湿度有一定影响,要求孵化室、出雏室相对湿度为60%~70%。

3. 通风

(1) 空气质量对胚胎发育的影响 空气中氧气含量为21%,二氧化碳含量为0.4%时孵化率最高。要求氧气含量不低于20%,否则,每减少1%,孵化率下降5%;二氧化碳含量超过0.5%,孵化率开始下降。通风的目的是供给胚胎发育足够的新鲜空气,排出二氧化碳。胚胎对空气的需要量后期为前期的110倍。若氧气供应不足,二氧化碳含量高,会造成胚胎生长停止,产生畸形,严重时造成中途死亡。在孵化后期,通风还可帮助驱散余热,及时将机内聚积的多余热量带走。

(2) 通风换气的控制 孵化初期,可关闭进、排气孔,随胚龄增加,逐渐打开,至孵化后期,进、排气孔全部打开,尽量增加通风换气量。孵化过程中要注意观察通风过度或通风量不足两种情况。在孵化期间特别是在孵化前期,若加热指示灯长时间发亮,说明孵化器内温度达不到所需的孵化温度,通风换气过度。若恒温指示灯长亮不灭或者发现上一批种蛋胚胎发育正常但在出雏期间闷死于壳内或啄壳后死亡,证明通风量不足,应加大通风换气量。

4. 翻蛋

翻蛋即改变种蛋的孵化位置和角度。

(1) 翻蛋的作用 翻蛋在禽蛋孵化过程中对胚胎发育有十分重要的作用。因为蛋黄含脂肪较多,比重较轻,总是浮于蛋的上部。而胚胎位于蛋黄之上,长时间不动,胚胎容易与蛋壳粘连。翻蛋既可防止胚胎与蛋壳粘连,还能促进胚胎的活动,保持胎位正常,并能使蛋受热均匀,发育整齐、良好,帮助羊膜运动,改善羊膜血液循环,使胚胎发育前、中、后期血管区及尿囊绒毛膜生长发育正常,蛋白顺利进入羊水供胚胎吸收,初生重合格。因此,孵化期间,每天都要定时翻蛋,尤其孵化前期,翻蛋作用更大。

(2) 翻蛋次数 有自动翻蛋装置的孵化机,每 1~2 小时翻蛋 1 次;土法孵化,可 4~6 小时翻蛋 1 次。在孵化器内温度均匀的情况下,每天翻蛋次数超过 12 次,对提高孵化效果没有明显影响。若孵化器内温差较大(0.5℃以上),适当增加翻蛋次数,可以使机内不同部位的胚蛋受热均匀。孵化后期、落盘之后,不需要再翻蛋。因胚胎全身已覆盖绒毛,不翻蛋不致影响胚胎与蛋壳粘连。

(3) 翻蛋角度 翻蛋的角度应与垂直线成 45° 角位置,然后反向转至对侧的同一位置。与鸡蛋孵化相比,在孵化水禽蛋时,翻蛋的角度要适当大一些。若翻蛋角度小,容易使胎位不正,造成雏禽在蛋的中部或小头啄壳。

5. 凉蛋

(1) 凉蛋的适用范围 凉蛋是指种蛋孵化到一定时间让胚蛋温度下降的一种孵化操作。因胚胎发育到中后期,物质代谢产生大量热能,需要及时凉蛋。所以凉蛋的主要目的是驱散胚蛋内多余的热量,还可以交换孵化机内的空气,排除胚胎代谢的污浊气体,同时用较低的温度来刺激胚胎,促使其发育并逐渐增强胚胎对外界气温的适应能力。鸭鹅蛋含脂肪高,物质代谢产热量多,必须进行凉蛋,否则,易引起胚胎"自烧死亡"。鸡蛋孵化时,在夏季孵化的中后期,孵化机容量较大的情况下也要进行凉蛋,若孵化机有冷却装置可不凉蛋。

(2)凉蛋的方法　鸡蛋在封门前,水禽蛋在合拢前采用不开机门、关闭电热、风扇转动的方法;鸡蛋在封门后、水禽蛋在合拢后采用打开机门、关闭电热、风扇转动甚至抽出孵化盘喷洒冷水等措施。每天凉蛋的次数,每次凉蛋时间的长短根据外界温度(孵化季节)与胚龄而定,一般每日凉蛋1~3次,每次凉蛋15~30分钟,以蛋温不低于30~32℃为限,将凉过的蛋放于眼皮下稍感微凉即可。

**6. 影响孵化率的其他因素**

(1)海拔与气压　海拔愈高,气压愈低,则氧气含量低,孵化时间长,孵化率低。据测定,海拔高度超过1千米,对孵化率有较大影响。如增加氧气输入量,可以改善孵化效果。

(2)孵化方式　一般讲,机器孵化法比土法孵化效果要好;自动化程度高,控温、控湿精确的孵化比旧式电机的孵化效果好。整批装蛋的变温孵化比分批装蛋的恒温孵化,其孵化率出雏要高。

(3)孵化季节与孵化室环境　如前所述,孵化室的适宜温度为22~26℃,因外界环境温度会直接影响到孵化器内的孵化温度,故孵化的理想季节是春季(3~5月份)、秋季(9~11月份),相对讲,夏、冬季孵化效果差些。因为夏季高温,种禽品质较差,冬季低温,种禽活力低,种蛋受冻,孵化率低。孵化器小气候受孵化室内大气候的影响,所以要求孵化室通风良好,温度、湿度适中,清洁卫生,保暖性能好。

(4)禽种与品种　不同种类的家禽,其种蛋的孵化率是不同的,鸡蛋的孵化率高于鸭、鹅蛋;不同经济用途的品种,其孵化率也有差异,蛋用鸡的孵化率高于肉用鸡,同一品种近交时孵化率下降,杂交时孵化率提高。

二、家禽的胚胎发育

1. 胚外膜

家禽的胚胎发育分母体内(蛋形成过程)和母体外(孵化过程)两个阶段。以鸡为例,成熟的卵细胞在输卵管内受精后形成受精卵大约需要经过24小时,才能形成完整的鸡蛋通过输卵管产出体外,此时囊胚发育成具有外胚层、内胚层的原肠期。蛋产出体外后,因环境温度降低胚胎发育暂时停止。当给胚蛋提供适宜的孵化条件时,胚胎从休眠中"苏醒"又继续开始发育,很快形成了中胚层。以后就由内、外、中3个胚层进一步发育形成雏禽组织器官系统。外胚层形成皮肤、羽毛、神经系统、眼、耳以及口腔和泄殖腔上皮;内胚层形成消化道、呼吸器官上皮和内分泌腺体;中胚层形成肌肉、生殖器官、排泄器官及胚胎期的结缔组织——间充质,由间充质形成骨髓、循环系统和结缔组织。

家禽的胚胎发育是一个极其复杂的生理代谢过程,促使胚胎能够顺利生长发育的内在环境是胎膜,也称胚外膜,包括卵黄囊、羊膜、绒毛膜和尿囊4种(图5-1)。孵化过程中胚胎发育所需要的营养物质和新鲜空气以及代谢产物的排泄均依靠胎膜来完成。因此,胚外膜的发育对胚胎发育有着特别重要的意义。

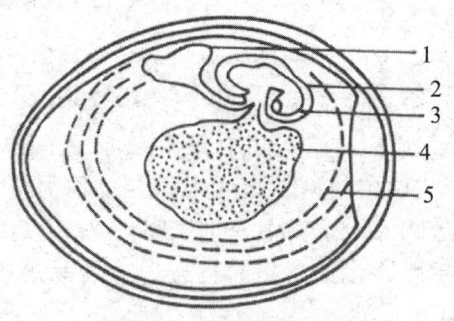

图 5-1 家禽胚胎的胚外膜
1. 尿囊;2. 羊膜;3. 胚胎;4. 蛋黄和卵黄囊;5. 蛋白

(1) 卵黄囊

①卵黄囊的发生与发育:最早形成的胚外膜是卵黄囊,在孵化的第2天便开始形成,逐渐向卵黄表层扩展而把卵黄包裹起来,在孵化的第11~14天,卵黄囊几乎覆盖整个卵黄表面。

②卵黄囊的作用

吸收营养:卵黄囊由卵黄囊柄与胎儿相连,卵黄囊表面分布很多血管汇成循环系统,通入胚体,卵黄囊分泌一种酶,能使蛋黄变成可溶状态,从而使蛋黄中的营养物质可以被吸收并输送给发育中的胚胎。

气体交换作用:卵黄囊在孵化初期还有帮助胚胎与外界进行气体交换的功能,这一方面是卵黄囊能够从卵黄中吸收溶解氧供胚胎早期利用,另一方面在孵化4~7天卵黄囊与蛋壳内膜接触,通过气孔进行气体交换。

造血功能:卵黄囊内壁还能形成原始的血细胞,因而又是胚胎的造血器官。

③出壳时的卵黄囊:当雏禽出壳前约3天卵黄囊通过胚胎脐孔进入腹腔内,出壳前完全进入腹腔。出壳后的雏禽卵黄囊被包入体腔,还剩有部分卵黄,可提供新生雏生长发育的一部分营养,5~7天后才全部被雏禽吸收利用。

(2) 羊膜

①羊膜的发生发育:羊膜从孵化的第2天便开始出现,首先在头部长出一个皱褶,随后向两侧扩展形成侧褶,第2天末或第3天初羊膜尾褶出现,以后向前生长,在第4~5天,头、侧、尾褶在胚体的背面会合,形成两层胎膜,靠近胚体内层的称为羊膜,翻转向外包围整个蛋内容物的称绒毛膜(又叫浆膜)。绒毛膜以后与尿囊共同形成尿囊绒毛膜,因无血管分布且透明,故不易观察到。羊膜腔形成后其内部充满羊水。

②羊膜的作用

保护发育中的胚胎:羊膜腔内充满羊水,胚胎在其中可受到保护,不受外界机械压力和震伤;羊水环绕在胚胎周围可以缓解外界温度变化对胚胎的直接影响。

促进早期胚胎运动:羊膜上有能自主伸缩的肌纤维,在16天前的胚胎其羊膜会产生规律性的收缩,促使胚胎活动,预防胚胎与羊膜粘连。

帮助营养吸收:孵化中期蛋白通过羊膜道进入羊膜腔中,羊膜腔中充满羊水,是蛋白被胚胎吞食前在体外消化水解的场所。因为羊膜腔中的羊水蛋白内含有大量的蛋白酶,这些酶在羊膜腔内把蛋白分解成氨基酸,为蛋白进入胚体内的消化吸收创造了良好的条件。

③出壳时的羊膜:在孵化末期,羊水量通过蒸发途径减少,因而羊膜又贴覆在胚胎体表的羽毛上。出壳后残留在壳膜上。羊水的蒸发是非常重要的,如果孵化中后期外界湿度大使羊膜腔内羊水残留过多,当雏禽啄壳时羊水会进入气室,堵塞啄壳孔和雏禽呼吸道造成雏禽窒息。

(3)尿囊

尿囊为一囊状,内部有尿囊液。最初出现的几天内其外观似装有水的气球。尿囊壁上有较多的血管分布。

①尿囊的发生发育:尿囊在孵化后的第2天末开始形成,之后迅速增大;第7天到达壳膜内表面,然后绕过胚体背部,从蛋的大头向两侧迅速伸展,鸭蛋在第13天、鹅蛋在第15天在小头合拢,包围整个胚蛋的内容物。尿囊以尿囊柄与肠连接。

②尿囊的作用

气体交换作用:尿囊在发育过程中,在接触壳膜内表面继续发育的同时,与绒毛膜结合成尿囊绒毛膜。这种高度血管化的结合膜由尿囊动、静脉与胚胎循环相连接,其位置紧贴在多孔的壳膜下面,起到排出二氧化碳、吸收外界氧气的作用。

吸收营养:通过尿囊壁的血管可以吸收蛋壳的无机盐供给胚胎。

代谢产物贮存场所：尿囊还是胚胎蛋白质代谢产生废物的贮存场所。当胚胎发育过程中蛋白质代谢产物——尿酸通过血液循环到达尿囊，渗入尿囊液中，防止尿酸盐在体内沉积而导致的痛风。

保护作用：尿囊包围在蛋白、蛋黄和胚胎的外周，其中的尿囊液对于缓冲外界温度变化和缓冲震动具有重要作用。

③出壳时的尿囊 在孵化末期，尿囊液逐渐蒸发，尿囊表面血管逐渐干枯，尿囊内贮有黄白色尿酸盐，出壳后残留在蛋壳内。孵化中后期尿囊液的蒸发程度对胚胎的影响与羊水一样。

(4)绒毛膜 绒毛膜也称浆膜，与羊膜同源，形成后与尿囊外壁结合在一起。由于很薄且无血管，很难用肉眼观察到。

2. 胚胎各日龄发育特征

鸡胚胎逐日发育及照蛋特征简况见表5-6、表5-7。

表5-6 鸡胚胎逐日发育一览表

| 胚龄/天 | 照检术语 | 照检主要特征 | 孵蛋解剖所见主要特征 |
| --- | --- | --- | --- |
| 1 | "鱼眼珠" | 蛋透明均匀，可见卵黄在蛋中漂动，无明显发育变化 | 胚盘变大达0.7毫米，明区向上隆起，形成原条，暗区边缘出现红血点 |
| 2 | "樱桃珠" | 卵黄囊血管区出现，呈樱桃形 | 胚体透明，小红点心脏搏动 |
| 3 | "蚊虫珠" | 卵黄囊血管区范围扩大达1/2，胚体形如蚊虫 | 出现背主动脉，卵黄体积增大，尿囊开始发育 |
| 4 | "小蜘蛛" "叮壳" | 卵黄囊血管贴靠蛋壳，头部明显增大，胚体呈蜘蛛状 | 胚体出现四肢胚芽，见尿囊透明水泡和灰色眼点，胚体与卵黄分离 |
| 5 | "起珠" "单珠" | 卵黄的投影伸向锐端，胚胎极度弯曲，见黑眼珠 | 见大脑泡、性腺、肝、脾发育，羊膜长成，有2支尿囊血管 |
| 6 | "双珠" | 胚胎的躯干部增大，胚体变直，血管分布占蛋的大部分 | 见胚胎头尾2个小圆团形似哑铃，可见到肋骨和脊椎软骨胚芽 |
| 7 | "沉" | 胚胎增大，羊水增多，时隐时现沉浮在羊水中 | 见喙、翼、口腔、鼻孔、肌胃形成，卵黄变稀 |

(续表5-6)

| 胚龄/天 | 照检术语 | 照检主要特征 | 孵蛋解剖所见主要特征 |
|---|---|---|---|
| 8 | "浮""边口发硬" | 胚胎活动增强,亮白区在钝端窄,在锐端宽 | 胚胎腹腔愈合,四肢形成,尿囊包围卵黄囊 |
| 9 | "发边" | 尿囊向锐端伸展,锐端面有楔形亮白区 | 心、肝、胃、食道、肠、肾、性腺等发育良好,能分雌雄,皮肤出现羽毛基点 |
| 10 | "合拢" | 尿囊在小头端合拢 | 喙开始角质化,胚胎体躯生出羽毛 |
| 11 | | 胚蛋背面血管变粗,钝端血色加深,气室增大 | 背部有绒毛,见到腺胃和冠齿以及浆羊膜道 |
| 12 | | 胚蛋背面血色加深,黑影由气室端向中间扩展 | 卵黄左右两边连接,眼能闭合,蛋白从浆羊膜道进入羊膜腔 |
| 13~16 | | 气室逐渐增大,胚蛋背面的黑影已向小头端扩展,看不到胚胎 | 绒毛覆盖全身,蛋白大量吞食,先后出现脚鳞、冠冉,头部转向气室端 |
| 17 | "封门" | 胚蛋锐端看不见亮的部分,全黑 | 蛋白输送完,上喙尖出现破壳齿 |
| 18 | "斜口""转身" | 气室倾斜而扩大,看到胚体转动 | 头弯曲在右翅下,眼睁开,喙向气室 |
| 19 | "闪毛" | 胚体黑影超过气室,似小山丘,能闪动 | 卵黄绝大部分进入腹腔,尿囊血管开始枯萎 |
| 20 | "见嚗""啄壳" | 听到叫声,壳已啄口 | 喙进入气室,肺开始呼吸,继而啄壳;卵黄全部吸入 |
| 21 | "满出" | 大量出雏 | 腹中蛋黄6克左右 |

**表5-7 不同胚龄胚胎发育的主要外形特征**

| 特征 | 胎龄/天 | | |
|---|---|---|---|
| | 鸡 | 鸭 | 鹅 |
| 出现血管 | 2 | 2 | 2 |
| 羊膜覆盖头部 | 2 | 2 | 3 |
| 开始眼的色素沉着 | 3 | 4 | 5 |
| 出现四肢原基 | 3 | 4 | 5 |
| 肉眼可明显看出尿囊 | 4 | 5 | 5 |

(续表 5-7)

| 特征 | 胎龄/天 | | |
|---|---|---|---|
| | 鸡 | 鸭 | 鹅 |
| 出现口腔 | 7 | 7 | 8 |
| 背出现绒毛 | 9 | 10 | 12 |
| 喙形成 | 10 | 11 | 12 |
| 尿囊在蛋的尖端合拢 | 10 | 13 | 14 |
| 眼睑达瞳孔 | 13 | 15 | 15 |
| 头覆盖绒毛 | 13 | 14 | 15 |
| 胚胎全身覆盖绒毛 | 14 | 15 | 18 |
| 眼睑合闭 | 15 | 18 | 22~25 |
| 蛋白基本用完 | 16~18 | 21 | 22~26 |
| 蛋黄开始吸入,开始睁眼 | 19 | 23 | 24~26 |
| 颈压迫气室 | 19 | 25 | 28 |
| 眼睁开 | 20 | 26 | 28 |
| 开始啄壳 | 19.5 | 25.5 | 27.5 |
| 蛋黄吸入,大批啄壳 | 19天18小时 | 25天18小时 | 27.5 |
| 开始出雏 | 20至20天6小时 | 26 | 28 |
| 大批出雏 | 20.5 | 26.5 | 28.5 |
| 出雏完结 | 20天18小时 | 27.5 | 30~31 |

3. 胚胎发育中的物质代谢

(1)糖的代谢 蛋内含糖仅 0.5 克左右,是胚胎发育初期的热量来源。

(2)蛋白质代谢 蛋白质是胚胎发育的主要营养物质。在胚胎发育过程中,蛋白和蛋黄中的蛋白质锐减,而胚胎体内的各种氨基酸渐增。蛋白质代谢产物排泄于尿囊腔中。

(3)脂肪代谢 鸡胚在 17 天后大量利用脂肪,至第 19 天每小时产热量达 376.83 焦耳,比第 4 天(每小时产热 1.63 焦耳)增加

230 倍。

(4) 水的代谢　孵化期间蛋内水分在逐渐减少,鸡胚至第 6 天蛋白内水分由 54.4% 降至 18.4%,蛋黄水分由 30% 增至 64.4%,约 2 周后蛋黄中增加的水分又重新进入蛋白中。整个孵化期胚蛋因水分蒸发等失重 15% ~ 18%。

(5) 气体交换　最初 6 天主要通过卵黄中血液循环供氧;以后尿囊绒毛膜循环系统通过蛋壳上的气孔与外界进行气体交换;19 天后开始肺呼吸。

总之,在整个孵化期内,上述各种物质的代谢是有规律的,由简单到复杂,从低级到高级。初期以糖代谢为主,以后以脂肪和蛋白质代谢为主(第 7 ~ 9 天、第 15 ~ 17 天以蛋白质代谢为主,其他时期以脂肪代谢为主)。

### 三、孵化管理

1. 孵化前的准备

(1) 孵化室的准备　孵化前对孵化室要做好准备工作。孵化室内必须保持良好的通风和适宜的温度。一般孵化室的温度为 22 ~ 26℃,相对湿度 55% ~ 60%。为保持这样的温度、湿度,孵化室应严密,保温良好,最好建成密闭式的。如为开放式的孵化室,窗子也要小而高一些,孵化室天棚距地面约 4 米以上,以便保持室内有足够的新鲜空气。孵化室应有专用的通风孔或风机。现代孵化厂一般都有 2 套通风系统,孵化机排出的空气经过上方的排气管道,直接排出室外,孵化室另有正压通风系统,将室外的新鲜空气引入室内,如此可防止从孵化机排出的污浊空气再循环进入孵化机内,保持孵化机和孵化室的空气清洁、新鲜。孵化机要离开热源,并避免日光直射。孵化室的地面要坚固平坦,便于冲洗。

(2) 孵化器的检修　孵化人员应熟悉和掌握孵化机的各种性能。种蛋入孵前,要全面检查孵化机各部分配件是否完整无缺,通风运行时,整机是否平稳;孵化机内的供温、鼓风部件及各种指示灯是否都正常;各部位螺丝是否松动,有无异常声响;特别是检查控温系统和报警系统是否灵敏。待孵化机运转 1~2 天未发现异常情况,才可入孵。

(3) 孵化温度表的校验　所有的温度表在入孵前要进行校验,其方法是:将孵化温度表与标准温度表水银球一起放到 38℃ 左右的温水中,观察它们之间的温差。温差太大的孵化温度表不能使用,没有标准温度表时可用体温表代替。

(4) 孵化机内温差的测试　因机内各处温差大小直接影响孵化成绩的好坏,在使用前一定要弄清该机内各个不同部位的温差情况。方法是在机内的蛋架装满空的蛋盘,用 27 支校对过的体温表固定在机内的上、中、下、左、中、右、前、中、后 27 个部位。然后将蛋架翻向一边,通电使风机正常运转,机内温度控制在 37.8℃ 左右,恒温半小时后,取出温度表,记录各点的温度,再将蛋架翻转至另一边去,如此反复各 2 次,就能基本弄清孵化机内的温差及其与翻蛋状态间的关系。

(5) 孵化室、孵化器的消毒　为了保证雏鸡不受疾病感染,孵化室的地面、墙壁、天棚均应彻底消毒。孵化室墙壁的建造,要能经得起高压冲洗消毒。每批孵化前机内必须清洗,并用福尔马林熏蒸,也可用药液喷雾消毒。

(6) 入孵前种蛋预热　种蛋预热能使静止的胚胎有一个缓慢的"苏醒适应"过程,这样可减少突然高温造成死精偏多,并减缓入孵初期的孵化器温度下降,防止蛋表面凝水,利于提高孵化率。预热方法是在 22~25℃ 的环境中放置 12~18 小时或在 30℃ 环境中预热 6~8 小时。

(7) 码盘、入孵　将种蛋大头向上放置在孵化盘上称为码盘。一般整批孵化,每周入孵 2 批;分批孵化时,3~5 天,入孵 1 批。整批孵化时,将装有种蛋的孵化盘插入孵化蛋架车推入孵化器内;分批入孵,装新蛋与老蛋的孵化盘应交错放置,注意保持孵化架重量的平衡。为防不同批次种蛋混淆,应在孵化盘上贴上标签。

(8)种蛋消毒 种蛋入孵前后12小时内应熏蒸消毒1次,方法同上所述。

2. 孵化的日常管理

(1)温度的观察与调节 孵化机的温度调节器在种蛋入孵前已经调好定温,之后不要轻易扭动。一般要求每隔1~2小时检查箱温1遍并记录1次温度。判断孵化温度适宜与否,除观察门表温度,还应结合照蛋,观察胚胎的发育状况。

(2)湿度 孵化器湿度的提供方式,一种是非自动调湿的,依靠孵化器底部水盘内水分的蒸发,对这种供湿方式,要每日向水盘内加水。另一种是自动调湿的,依靠加湿器提供湿度,这要注意水质,水应经滤过或软化后使用,以免堵塞喷头。湿球温度计的纱布在水中易因钙盐作用而变硬或者沾染灰尘或绒毛,影响水分蒸发,应经常清洗或更换。

(3)翻蛋 孵化过程中必须定时翻蛋。根据不同机器的性能和翻蛋角度的大小决定翻蛋的间隔时间。温差小、翻蛋角度大的孵化机可每2小时翻蛋1次;翻蛋角度小于45°、温差大的应每小时翻蛋1次。手工翻蛋时,动作要轻、平稳,每次翻蛋时要留意观察蛋架是否平稳。发现异常的声响和蛋架抖动要立即停止翻蛋,查明原因,故障排除后再行翻蛋。自动化程度高的孵化机,一种是全自动翻蛋,每隔1~2小时自动翻蛋1次;另一种是半自动翻蛋,需要按动左、右翻按钮键完成翻蛋全过程。试验证明孵化前2周翻蛋是必要的,2周之后至落盘不翻蛋并不影响孵化效果。

(4)通风 整批入孵的前3天(尤其是冬季),进、出气孔可不打开,随着胚龄的增加,逐渐打开进出气孔,出雏期间进、出气孔全部打开。分批孵化,进、出气孔可打开1/3~2/3。

(5)照蛋 照蛋之前,应先提高孵化室温度(气温较低的季节),防止照蛋时间长引起胚蛋受凉和孵化机内温度大幅下降。照蛋要稳、准、快,从蛋架车取下和放上蛋盘时动作要慢、轻,放上的蛋盘一定要卡牢。照蛋方法:将蛋架放平稳,抽取蛋盘摆放在照蛋台上,迅速而准确地用照蛋器按顺序进行照检,并将无精蛋、死胚蛋、破蛋捡出,空位用好胚蛋填补或拼盘。照蛋过程中发现小头向上的蛋应倒过来。抽、放蛋盘时,有意识地上下左右对调蛋盘,因任何孵化机,上下左右存在温差是难免的。整批蛋照完后对被捡出的蛋进行一次复照。最后记录无精蛋、死精蛋及破蛋数,登记入表,计算种蛋的受精率和头照的死胚率。

(6) 凉蛋　凉蛋并非必需的孵化工序。通常孵化鸭蛋、鹅蛋必须凉蛋,孵鸡蛋则应视其孵化机性能、孵化制度、季节、胚龄、孵化室构造等因素而灵活掌握。原则是整批入孵、装蛋容量大、孵化后期、夏季高温时,每天凉蛋次数多,每次凉蛋时间长;而分批入孵、春秋孵化,可不凉蛋或每日凉蛋次数少、时间短。判断是否凉蛋,要观察红绿灯亮的时间长短及门表温度显示。若绿灯长时间发亮,门表显示温度超出孵化温度,说明胚蛋出现超温现象,应及时打开机门,或把蛋架车从机内拉出凉蛋。

(7) 落盘　禽蛋孵化至某一日龄,把胚蛋从孵化器的孵化盘移到出雏器的出雏盘的过程叫落盘(或移盘)。落盘时间一般在鸡蛋孵化的第 19 天;鸭为 23～25 天;鹅在 26～27 天。具体落盘时间应当在禽胚中有 1% 开始出现"打嘴"时进行。落盘前应提高室温,动作要轻、快、稳。落盘方法有两种,一种是将胚蛋从孵化盘捡到出雏网盘内,把蛋横放,不要重叠;另一种是扣盘(把出雏盘扣在孵化盘上,同时向一个方向反转,就把一孵化盘的胚蛋扣入出雏盘内)。落盘后最上层的出雏盘要加盖网罩,以防雏鸡出壳后窜出。对于分批孵化的种蛋,落盘时不要混淆不同批次的种蛋。落盘前,要调好出雏器的温、湿度及进、排气孔。出雏器的环境要求是高湿、低温、通风好、黑暗、安静。

(8) 出雏　胚胎发育正常的情况下,落盘时就有破壳的,孵化的第 20 天就陆续开始出雏,20.5 天出雏进入高峰,21 天出雏全部结束。在成批出雏后,一般每隔 4 小时拣雏 1 次。为节省劳力,可以在出雏30%~40%时第1次拣雏,出雏60%~70%时第2次拣雏,最后再拣1次即可。叠层出雏盘出雏方法:在出雏75%~80%时第1次拣雏,出雏结束时再拣1次。也有最后一次性拣雏的。拣雏时要轻、快,尽量避免碰破胚蛋。为缩短出雏时间,可将绒毛已干、脐部收缩良好的雏迅速拣出,再将空蛋壳拣出,以防蛋壳套在其他胚蛋上引起雏禽闷死。对于脐部突出呈鲜红光亮,绒毛未干的弱雏应暂时留在出雏盘内,待下次再拣。到出雏后期,应将已破壳的胚蛋并盘,并放在出雏器上部,以促使弱胚尽快出雏。在拣雏时,对于前后开门的出雏器,不要同时打开前后机门,以免出雏器内的温度、湿度下降过大而影响出雏。雏鸡在出雏时一般不进行人工助产,但在水禽孵化的出雏后期,可把内膜已枯黄或外露绒毛已干,雏在壳内无力挣扎的胚蛋,轻轻剥开,分开粘连的壳膜,把头轻轻拉出壳外,使其自己挣扎破壳。若发现壳膜发白或有红的血管,应立即停止人工助产。

(9)初生雏的处理 捡出的雏禽经雌雄鉴别和注射疫苗后放在专用的雏箱内,然后置于22~25℃的暗室中,使雏禽充分休息,准备接运。

对1日龄雏鸡接种马立克氏病疫苗和传染性法氏囊疫苗。当前国内外普遍使用自动注射机(又称自动接种机)对1日龄雏鸡雏鸡/雏鸭颈部皮下注射,自动注射机具有自动注射、自动计数、自动控制接种雏鸡数量的功能。一名熟练操作人员的速度约为3 000~5 000羽/小时。

对1日龄鸡马立克氏病的防疫非常重要。因为鸡马立克氏病免疫主要通过细胞免疫而发生作用,而体液免疫是很次要的,加之母源抗体的保护作用又很弱,因此,使雏鸡尽早获得免疫是预防此病的关键。所以,各地孵化场应尽可能在孵化结束后,立即接种疫苗(最好是2小时内),切不可超过24小时注苗。预防鸡马立克氏病常用疫苗类型和注意事项如下。

①鸡马立克氏病活疫苗:本品系用自然低毒力的马立克

氏病弱毒株，在鸡胚成纤维细胞上培养，收获感染细胞，加入适当冷冻保护液制成。为淡红色的细胞悬液，用于预防鸡马立克氏病。各种品种1日龄雏鸡均可使用。注射疫苗后8天可产生免疫力，免疫持续期为18个月。用法用量：按瓶签注明的羽份，用稀释液稀释，每只雏鸡肌内或皮下注射0.2毫升（含2 000PFU）。

注意事项：a. 本品必须在液氮中保存及运输。b. 本品从液氮中取出后，应迅速放于38℃温水中，待完全融化后再取出，加稀释液（稀释液的配制：乳汉氏液中加犊牛血清2%，青霉素，链霉素适量，pH 7.2~7.4）稀释，否则影响疫苗效力。c. 稀释好的疫苗必须在1小时内用完。在免疫注射期间，应经常摇动疫苗瓶，使其均匀。本品在液氮中保存期为2年。

②鸡马立克氏病火鸡疱疹病毒活疫苗：本品系用火鸡疱疹病毒接种于鸡胚成纤维细胞上培养，收获感染细胞，加入稳定剂后，经裂解、冷冻真空干燥制成。为乳白色疏松团块，易与瓶壁脱离，加稀释液后迅速溶解。本品用于预防鸡马立克氏病，无治疗作用，适用于注射各种品种的1日龄雏鸡。用法用量：按瓶签注明羽份，加专用稀释液稀释，每只鸡肌肉或皮下注射0.2毫升（含2 000PFU）。

注意：a. 已发生过马立克氏病的鸡场，雏鸡应在出壳后立即进行预防接种。b. 疫苗应随配随用，用专用稀释液稀释疫苗。疫苗稀释后放入盛有冰块的容器中，必须在1小时内用完。本品在-15℃以下保存，有效期为1年；2~8℃为6个月。

③鸡马立克氏病双价活疫苗：本品系用鸡马立克氏病Ⅱ型（Z4）、Ⅲ型（FC126）毒株接种于鸡胚成纤维细胞培养，经消化收获离心沉淀的细胞，加入适量的细胞冻存液而制成。为淡红色细胞悬液。用于鸡马立克氏病的预防，1日龄接种后可终生免疫。用法用量：a. 从液氮罐中取出疫苗，立即放入37℃温水中摇动，使疫苗迅速溶解，快溶完时，立即取出。b. 按瓶签注明的羽份将安瓿瓶中

疫苗全部吸出注入到专用稀释液中。c. 每只雏鸡皮下或肌肉注射0.2毫升(含1 500 PFU)。

注意事项：a. 防止早期强毒感染,本疫苗注射1周后产生免疫力,应采取有效措施防止孵化室和育雏室内发生早期强毒感染。b. 液氮检验,在疫苗运输和保存中,如液氮容器中液氮意外蒸发完,则疫苗失效,应予废弃。疫苗生产厂家和使用单位应指定专人检验补充液氮,以防意外事故。c. 从液氮罐中取出本品时应戴手套,以防冻伤,取出的疫苗应立即放入37℃温水中速溶(不超过30秒钟),用注射器从安瓿瓶中吸出疫苗时,必须使用16~18号针头。d. 疫苗现配现用,稀释后应在1小时内用完,注射过程中应经常轻摇稀释的疫苗,使细胞悬浮均匀。本品在液氮中保存,有效期1年

(10)孵化场的主要记录表　每次孵化应将入孵日期、品种、种蛋数量与来源、照蛋情况记录表内,出雏后,统计出雏数、健雏数、死胎蛋数,并计算种蛋的孵化率、健雏率等填入相应表格。孵化场的主要记录表格有"工作日程计划表""孵化记录表""孵化进程表",见表5-8、表5-9、表5-10。

表5-8　孵化场工作日程计划表

| 项目批次 | 入孵 | 照蛋 | 出雏机消毒 | 移盘 | 雏禽消毒 | 出雏 | 出雏结束时间 | 雌雄鉴别 | 接种疫苗 | 接雏 | 备注 |
|---|---|---|---|---|---|---|---|---|---|---|---|
|  |  |  |  |  |  |  |  |  |  |  |  |

表5-9　孵化记录表

| 批次 | 上蛋时间 | 上蛋数 | 无精 | 中死 | 死胎 | 碎蛋 | 出雏 | 受精蛋数 | 受精率/% | 孵化率/% | 备注 |
|---|---|---|---|---|---|---|---|---|---|---|---|
|  |  |  |  |  |  |  |  |  |  |  |  |
|  |  |  |  |  |  |  |  |  |  |  |  |

表 5-10　孵化进程

| 日期 | 批次(孵化机号) | | | 日期 | 批次(孵化机号) | | |
|---|---|---|---|---|---|---|---|
| | 1 | 2 | 3 | | 1 | 2 | 3 |
| 1/3 | 上蛋 | | | 16 | | | |
| 2 | | | | 17 | | | |
| 3 | | | | 18 | | | |
| 4 | | | | 19 | | | |
| 5 | | 上蛋 | | 20 | 二照 | | |
| 6 | 头照 | | | 21 | | | |
| 7 | | | | 22 | 出雏 | | |
| 8 | | | | 23 | 出雏 | 二照 | |
| 9 | | | 上蛋 | 24 | | | |
| 10 | | 头照 | | 25 | | 出雏 | |
| 11 | | | | 26 | | 出雏 | |
| 12 | | | | 27 | | | |
| 13 | | | | 28 | | | 二照 |
| 14 | | 头照 | | 29 | | | |
| 15 | | | | 30 | | | 出雏 |
| 12 | | | | 31 | | 出雏 | |

（11）清扫消毒　出雏完毕,抽出水盘、出雏盘,捡出蛋壳,彻底打扫出雏器内的绒毛、污物和碎蛋壳,再用蘸有消毒水的抹布或拖把对出雏器底板、四壁清洗消毒。出雏盘、水盘洗净、消毒、晒干,干湿球温度计的湿球纱布及湿度计的水槽要彻底清洗,纱布最好更换。全部打扫、清洗彻底后,再把出雏用具全部放入出雏器内,熏蒸消毒备用。

（12）停电时的措施　孵化厂最好自备发电机,遇到停电立刻发电。并与电业部门保持联系,以便及时得到通知,做好停电前的准备工作。没有条件安装发电机的孵化厂,遇到停电的有效办法是提高孵化出雏室的温度。停电后采取何种措施,取决于停电时间的长短和胚蛋的胚龄及孵化、出雏室温度的高低。原则是胚蛋处于孵化前期以保温为主,后期以散热为主。若停电时间较长,将室温尽可能升到33℃以上,敞开机门,半小时翻蛋1次;若停电时间不超过1天,将室温升至27~30℃,胚龄在10天前的不必打开机门,只要每小时翻蛋1次,每半小时手摇风扇轮15~20分钟。胚龄处于孵化中后期或在出雏期间,要防止胚胎自温,热量无法扩散而烧死胚胎,所以要打开机门,上下蛋盘对调。若停电时间不长,冬季只需提升室温,若是夏季不必加火升温。

3. 孵化效果检查

在孵化过程中要定期进行生物学检查,及时了解受精、发育等情况,并对发育不正常的现象进行分析,查找原因,及时采取措施,争取最佳孵化成绩。同时,对孵化成绩好的也应总结经验,用以指导生产。

(1)孵化效果的衡量指标

①受精率(%)

$$受精率(\%) = 受精蛋数 \div 入孵蛋数 \times 100$$

受精蛋数包括发育正常的胚蛋和死精蛋,是检查种禽饲养质量的重要指标。

②早期死胚率(%)

$$早期死胚率(\%) = 入孵至头照时的死胚数 \div 受精蛋数 \times 100$$

③受精蛋孵化率(%)

$$受精蛋孵化率(\%) = 全部出壳雏数 \div 受精蛋数 \times 100$$

出雏数包括健、弱、残、死雏数。这是衡量孵化效果的主要指标。

④入孵蛋孵化率(%)

$$入孵蛋孵化率(\%) = 全部出壳雏数 \div 入孵蛋数 \times 100$$

入孵蛋孵化率是一个综合指标,既能反映种禽场的饲养水平,也可反映孵化场的孵化效果。高水平可达85%以上。

⑤健雏率(%)

$$健雏率(\%) = 健雏数 \div 全部出壳雏数 \times 100$$

高水平应在96%以上。

⑥死胎率(%)

$$死胎率(\%) = 死胎蛋数 \div 受精蛋数 \times 100$$

死胎蛋指出雏结束后扫盘时尚未出壳的胚蛋,也称毛蛋。死胎率一般低于5%。

(2)孵化效果的检查方法 每批种蛋在孵化过程中应照蛋3次,见表5-11。

表5-11 照蛋日期和胚胎特征

| 照蛋 | 鸡/天 | 鸭/天 | 鹅/天 | 胚胎特征 |
| --- | --- | --- | --- | --- |
| 头照 | 5 | 6~7 | 7~8 | "黑眼" |
| 抽检 | 10~11 | 13~14 | 15~16 | "合拢" |
| 二照 | 19 | 25~26 | 28 | "闪毛" |

①照蛋:照蛋的目的是利用光源透视检查胚胎的发育情况,从而判断孵化条件是否适宜。同时,照蛋还可检查出无精蛋、死胚蛋及发育异常的蛋,根据各种类型蛋的数量,判断种蛋质量的好坏(见图5-2)。

头照,发育正常的胚胎,血管网鲜红,扩散面大,呈放射状,胚胎下沉或隐约可见,可明显看到黑色眼点。发育较弱的胚胎,血管纤细,色淡,扩散面小,胚胎小,起珠不明显。无精蛋的表现是整个蛋光亮,蛋内透明,有时只能看到蛋黄的影子。死精蛋能看到不规则的血点、血线或血弧、血圈,有时可见到死胚的小黑点贴壳静止不动,蛋色浅白,蛋黄流散。

抽检,一般只是抽少量进行检查以了解胚胎发育情况。若发育正常的胚胎,尿囊已经合拢并包围蛋内所有内容物,蛋的小头布满血管。若胚胎发育缓慢,尿囊尚未合拢,蛋的小头发白。死胚蛋的两头呈灰白,中间漂浮着灰暗的死胎或者沉落一边,血管不明显或破裂。

二照,主要检查胚胎发育是否正常,根据胚胎发育情况决定落盘的具体时间。发育正常的胚胎,气室边缘弯曲倾斜,有黑影闪动,呈小山丘状,胚胎已占满蛋的全部容积,能在气室下方红润处看到一条较粗的血管和胎儿转动。发育迟缓的胚胎,气室比发育正常的胚蛋小,边缘平齐,黑影距气室边缘较远,可看到红色血管,胚蛋小头浅白发亮。死胎蛋的特征是气室小而不倾斜,其边缘模糊,色淡灰或黑暗。胚胎不动,见不到"闪毛"。

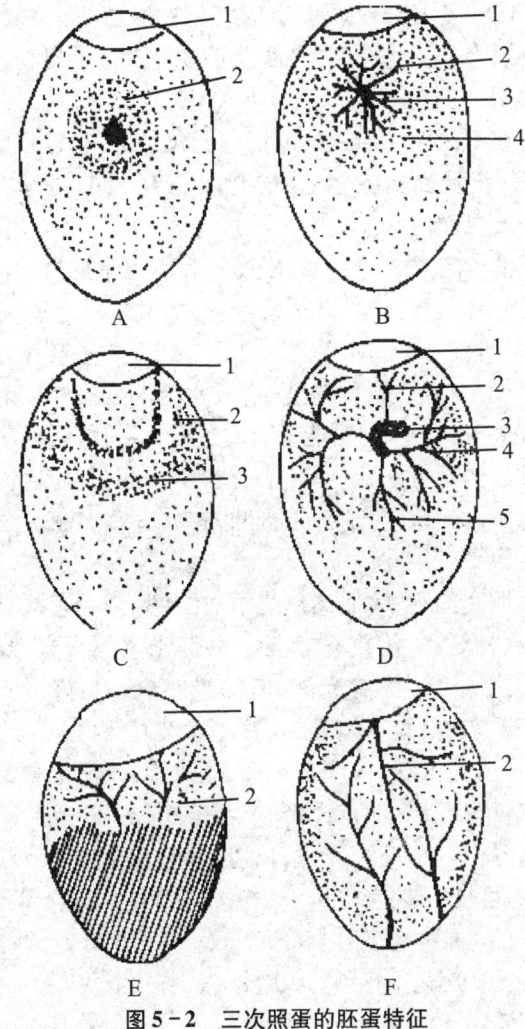

图5-2 三次照蛋的胚蛋特征

A:头照无精蛋;1.气室;2.蛋黄;B:头照弱精蛋;1.气室;2.血管;3.胚胎;4.蛋黄;
C:头照死精蛋;1.气室;2.血管;3.蛋黄;D:头照正常蛋;1.气室;2.血管;3.眼睛;
4.胚胎;5.蛋黄;E:二照活胚蛋"封门"1.气室;2.血管;F:抽检活胚蛋"合拢"
1.气室;2.血管

在照蛋时,还应剔除破蛋和腐败蛋,通过照蛋器可看到破蛋的裂纹(呈树枝状亮痕)或破孔,有时气室在一侧,而腐败蛋蛋色褐暗,有异臭味,有的蛋壳破裂,表面有很多黄黑色渗出物,有时不留意碰触腐败蛋可引起爆炸。

②胚蛋在孵化期间的失重及气室变化:在孵化过程中,由于蛋内水分蒸发,胚蛋逐渐减轻,在孵化 1～19 天中,胚蛋重减轻约11.5%(10%～13%)。

蛋失重的测定方法:孵化前先称一个孵化盘重量,将种蛋码在该孵化盘内称其重量,减去孵化盘重量,得出总蛋重量。以后定期称重,求减轻的百分率。如果蛋的减重超出正常的标准过多,则验蛋时气室很大,可能是孵化湿度过低,水分蒸发过快;如蛋的减重低于标准过远,则气室小,可能是湿度过大,蛋的品质不良。

蛋失重的测定方法比较繁琐,一般根据胚蛋气室的大小以及后期的气室形状,来了解孵化湿度是否适宜及胚胎发育是否正常。

③出雏期间的观察:雏禽出壳后,主要从绒毛色泽亮度、脐部愈合好坏、精神状态、体重、体型大小、健雏比例等方面来检查孵化效果。健雏绒毛洁净有光泽,脐部吸收愈合良好平齐、干燥且被腹部绒毛覆盖着,腹平坦;雏鸡站立稳健有活力,对光及音响反应灵敏,叫声清脆洪亮;体型匀称,大小适中,既不干瘪又不臃肿,显得"水灵"好看,胫、趾色泽鲜艳。而弱雏绒毛污乱,脐部潮湿带有血迹,精神不振,叫声无力,反应迟钝,体型过小或腹部过大。

另外,还可从出雏持续时间长短、出雏高峰明显与否来观察孵化效果。孵化正常时,出雏时间较一致,一般第 21 天即全部出齐,出雏高峰明显。孵化不正常时,出雏时间拖得长,无明显的出雏高峰,至第 22 天还有不少未破壳的。

④死胎的病理剖检:种蛋品质和孵化条件不良时,死胎一般表现出病理变化。如孵化温度过高则出现充血、溢血现象;维生素 $B_2$ 缺乏时出现脑水肿;缺维生素 $D_3$ 时,出现皮肤浮肿等。

在孵化结束清理出雏器时应解剖死胎进行检查。检查时首先判定死亡日期。注意皮肤、肝、胃、心脏等器官,胸腔以及腹膜等的病理变化,如充血、贫血、出血、水肿、肥大、萎缩、变性、畸形等,以确定胚胎的死亡原因。对于啄壳前后死亡的胚胎还要观察胎位是否正常(正常胎位是头颈部埋在右翅下)。

(3)孵化效果的分析

①胚胎死亡曲线的分析:胚胎死亡在整个孵化期不是平均分布的。在正常情况下,孵化期间有2个死亡高峰。第1个高峰鸡胚在孵化前期的第3~5天,鸭胚在孵化前期的第4~6天,鹅胚、番鸭胚在6~7天;第2个高峰出现在孵化后期,鸡胚18天以后,鸭胚24~27天,鹅胚25~28天,番鸭胚30~34天。以鸭蛋为例,鸭蛋入孵,蛋的孵化率一般在85%左右,其中无精蛋数量不超过5%,头照的死胚蛋占2%,8~17日龄的死胚蛋占2%~3%,18日龄以后的死胚蛋占6%~7%,后期死胚率约为前、中期的总和。这是正常死胚的分布情况。为了便于检查对照,可将在孵化过程中的死胚率绘成死亡曲线图。

孵化过程中,胚胎2个死亡高峰形成的原因是,第1个死亡高峰正是胚胎发育快及形态变化显著时期,各种胎膜相继形成而作用尚未完善,胚胎对外界环境的变化很敏感,稍微不适,胚胎发育就受阻,以致夭折死亡。第2个死亡高峰正是胚胎从尿囊呼吸过渡到肺呼吸时期,此时胚胎生理变化剧烈,胚胎需氧量剧增,其自温猛增,传染性胚胎病的威胁更突出,对孵化环境要求高,如不能充分通风供氧气散出余热,势必有部分较弱的胚胎不能顺利破壳出雏而死亡。

②孵化效果影响因素的分析:孵化率高低受内部和外部2方面因素的影响。内部因素是指种蛋的内部品质,而种蛋质量又受种禽质量与营养的影响,所以内部因素实质上包括种禽质量和种蛋管理。

外部因素是指胚胎发育的孵化条件。从某种意义上讲,外部因素是主要的。内部因素对第 1 死亡高峰影响大,而外部因素则对第 2 死亡高峰影响大。由此可见,要获得好的孵化成绩,不是种禽场或孵化厂单独一家能解决的问题。只有孵化来源于种禽质量好的种蛋,同时种蛋的管理科学得当,再加上适宜的孵化条件和科学的孵化管理,才能使种蛋的孵化率达到最高水平。具体孵化不良原因的分析,见表 5-12。

表 5-12 孵化不良原因分析一览表

| 原因 | 鲜蛋 | 照蛋 | | | 死胎 | 初生雏 |
|---|---|---|---|---|---|---|
| | | 5~6 胚龄 | 10~11 胚龄 | 19 胚龄 | | |
| VA 缺乏 | 蛋黄淡白 | 无精蛋多,死亡率高 | 发育略为迟缓 | 发育迟缓,肾有盐类的结晶 | 眼肿胀,肾有盐类结晶物 | 出雏时间延长,带眼病的弱雏多 |
| $VB_2$ 缺乏 | 蛋白稀薄,蛋壳粗糙 | 死亡率稍高,第 1~3 天出现死亡高峰 | 发育略迟缓,第 9~14 胚龄出现死亡高峰 | 死亡率增高,有营养不良特征,绒毛卷缩 | 营养不良,体小,颈曲,绒毛卷缩,脑膜浮肿 | 侏儒体型,绒毛卷曲,雏颈和脚麻痹,趾弯(鹰爪) |
| VD 缺乏 | 壳薄而脆,蛋白稀薄 | 死亡率稍有增加 | 尿囊发育迟缓,第 10~16 天出现死亡高峰 | 死亡率显著增高 | 营养不良,皮肤水肿,肝脏脂肪浸润,肾脏肥大 | 出雏时间拖延,初生雏软弱 |
| 蛋白中毒 | 蛋白稀薄,蛋黄流动 | — | — | 死亡率高,脚短而弯,鹦鹉喙,蛋重减少 | 胚胎营养不良,脚短而弯,腿关节变粗,鹦鹉喙 | 弱雏多,且脚和颈麻痹 |
| 陈蛋 | 气室大,系带和蛋黄膜松弛 | 很多胚死 1~2 天,胚盘表面有泡沫 | 胚发育迟缓,脏蛋、裂纹蛋有腐败现象 | 鸡胚发育迟缓 | — | 出壳时间延长,不整齐,雏鸡品质不一致 |
| 冻蛋 | 很多蛋的外壳破裂 | 第 1 天死亡率高卵黄膜破裂 | — | — | — | — |

(续表 5-12)

| 原因 | 鲜蛋 | 照蛋 | | | 死胎 | 初生雏 |
|---|---|---|---|---|---|---|
| | | 5~6 胚龄 | 10~11 胚龄 | 19 胚龄 | | |
| 运输不当 | 破蛋多气室流动系带断裂 | — | — | — | — | — |
| 前期过热 | — | 多数发育不好不少充血溢血和异位 | 尿囊提前包围蛋白 | 异位,心、肝和胃变形 | 异位,心、肝和胃变形 | 出雏提前,但拖延 |
| 短期强烈过热 | — | 胚干燥而粘于壳上 | 尿囊血液暗黑色,凝滞 | 皮肤、肝、脑和肾有点状出血 | 异位,头弯左翅下或两腿间皮肤、心脏等有点状出血 | — |
| 后半期长时间过热 | — | — | — | 啄壳较早,内脏充血 | 破壳时死亡多,蛋黄吸收不良,卵黄囊肠、心脏充血 | 出雏较早但拖延,雏弱小,粘壳、脐部愈合不良且出血 |
| 温度偏低 | — | 发育很迟缓 | 发育很迟缓,尿囊充血未"合拢" | 发育很迟缓,气室边缘平齐 | 很多活胎未啄壳,尿囊充血,心脏肥大,卵黄吸入呈绿色 | 出雏晚且拖延,雏弱,脐带愈合不良,腹大有时下痢 |
| 湿度过高 | — | 气室小 | 尿囊"合拢"迟缓,气室小 | 气室边缘平齐且小,蛋重减轻少 | 啄壳时喙粘在壳上,嗉囊、胃和肠充满液体 | 出雏晚且拖延,绒毛与蛋壳粘连,腹大,体弱 |
| 湿度偏低 | — | 死亡率高,充血并黏附壳上 | 蛋重损失大,气室大 | 蛋重损失大,气室大 | 外壳膜干黄并与胚胎粘连,破壳困难,绒毛干短 | 出雏早,弱小干瘪,绒毛干燥发黄。雏鸡脱水 |

(续表 5-12)

| 原因 | 鲜蛋 | 照蛋 | | | 死胎 | 初生雏 |
|---|---|---|---|---|---|---|
| | | 5~6胚龄 | 10~11胚龄 | 19胚龄 | | |
| 通风换气不良 | — | 死亡率增高 | 在羊水中有血液 | 羊水有血液,内脏充血,胎位不正 | 胚胎在蛋小头啄壳,多闷死壳内 | 出壳不整齐,品质不一致,站立不稳 |
| 转蛋不正常 | — | 卵黄囊粘于壳膜上 | 尿囊未包围蛋白 | 尿囊外有剩余蛋白,异位 | — | — |
| 卫生条件差 | — | 死亡率增加 | 腐败蛋增加 | 死亡率增加 | 死胎率明显增加 | 体弱,脐部愈合差,脐炎 |

## 第三节 我国传统孵化方法及管理

我国劳动人民经过长期的孵化实践,创造了独特的中国传统孵化法,我国传统的家禽人工孵化法主要有:炕孵法、缸孵法、桶孵法(炒谷孵化法)等。炕孵法主要分布在华北、东北、西北等北方地区,缸孵法主要分布在长江流域,桶孵法主要分布在华南、西南诸省。这3种孵化法极为相似,都大致分为2个孵化阶段。第1阶段为:孵化前期(1~12胚龄),主要依靠火炕、孵缸、孵桶等供温孵化;第2阶段为孵化的后期(13胚龄至出雏),均将胚蛋移至摊床上继续孵化至出雏。这几种方法只有前、中期的给温方式不同,后期则完全一致。上摊床时间的掌握:禽蛋孵化期÷2+1天。如鸡为11~13胚龄,鸭13~15胚龄。

这些孵化法,全凭经验掌握孵化温度,人工转蛋劳动强度大,费时、费力、破蛋多,在高温环境下操作,孵化设备及场所的消毒难以彻底。但是,因为设备简单、就地取材、成本低、不受电力限制、投资少、见效快等优点,迄今仍在广大农村应用。

## 第五章 种蛋的人工孵化

### 一、炕孵法

此法设备简单,仅需火炕、摊床和棉被、被单等物。

#### 1. 孵化室的选择和改造

孵化室多用坐北朝南、背风向阳、干燥的旧房改造而成。为利于保温和消毒,窗户用土坯砌起 $1/3 \sim 1/2$。门挂棉帘,墙刷白灰。有条件时加糊顶棚,地面铺砖。孵化室最好有里外间,里间设火炕,外间做调温和孵化操作人员住宿。

#### 2. 火炕的建造

(1) 旧炕改造 用原来的旧炕改造,首先,补破洞和裂缝,以免烧炕时冒烟。其次,抹平炕面。炕上铺麦秸或稻草,再盖苇席。

炕的大小视房间大小及孵化量而定。一般炕高约70厘米,宽约200厘米。孵化量大时,可分热炕和温炕,前者放刚入孵的种蛋。

(2) 炕面 将砖或土坯平铺在砖脚上,上面用麦秸和泥抹平。为使温度均匀,前边抹泥厚于后边,使炕面形成一个斜平面。在炕周围砌一层砖,作为炕沿。炕面铺干黄土,再铺麦秸或稻草,最上面铺苇席。

(3) 烟囱与"狗窝" 在烟洞口室外墙角下挖一个下大、上小的100厘米深坑(俗称"狗窝"),以利于抽烟。坑上砌烟囱,烟囱高度应超过屋顶。在烟囱上留一窄缝,插上薄铁板(炕温调节板),通过抽插该板来调节炕温。

#### 3. 摊床的构造

摊床可用木头或竹竿,搭在火炕上方或在孵化室内空地上。一般 $1 \sim 2$ 层,上下层间距为 $60 \sim 80$ 厘米,下层离炕约15厘米,上层离顶棚约70厘米。摊床宽170厘米,以利于操作。床面用高粱秆扎把横放。上面铺纸和 $3 \sim 5$ 厘米厚的麦秸,再铺上苇席,要求床面平整。在床边缘用高粱秆扎把,挡起约10厘米高,以防胚蛋或雏禽掉下。

#### 4. 孵化方法

孵法需准备火炕、摊床和棉被等。火炕是孵化的热源,也是孵化前14天的孵化器。火炕用砖或土坯砌成,炕上放麦秸,上铺席。摊床是孵化中期以后盛放种蛋继续孵化的地方,设在炕的上方。棉被为包蛋或盖蛋用。

5. 管理

火炕管理的关键是孵化温度的控制,而温度控制的关键是掌握烧火技术。通过控制烧柴量和烧火次数、加减覆盖的棉被、翻蛋、调整种蛋在炕面的位置和调节室温等措施来调节孵化温度。炕孵法多采用变温孵化,鸡蛋的孵化温度控制见表5-13。

表5-13 炕孵法的孵化温度(炕上席面温度)

| 孵化天数/天 | 1~2 | 3~5 | 6~11 | 12 | 13~14 | 15~16 | 17~21 |
|---|---|---|---|---|---|---|---|
| 孵化温度/℃ | 41~43 | 39.5 | 39 | 38 | 37.5 | 38 | 37.5 |

一般每5~6天入孵1批,孵5~6天头照,11天抽检。每4~6小时翻蛋1次,翻蛋时将上、下层,边缘与中间胚蛋对调,以使胚蛋受热均匀,出雏一致。根据胚蛋发育情况,决定凉蛋时间。

二、缸孵法

有温水和炭火缸孵2种形式。孵化需有孵缸和蛋篓等设备。

缸孵法分缸孵期(1~10天)和摊孵期(11~21天)。缸孵期又分新缸期(1~5天)和陈缸期(6~10天)。缸孵期温度,1~2天约38.5~39℃,3~10天约38℃。孵化温度的调节,主要靠调节水的温度或增减炭火、掀盖覆盖物,上下层的胚蛋对调和调整凉蛋次数、时间。

入孵后3小时开始翻蛋,此后每天翻蛋4~6次,胚蛋从新缸移至陈缸时,对全部种蛋进行第1次照蛋,从陈缸移至摊床时进行第2次照蛋。此外,可结合翻蛋、照蛋,将盛蛋篓旋转180°,使胚蛋受热均匀。

三、桶孵法(炒谷孵化法)

该法需孵桶和网袋等设备。孵桶为圆柱形木桶,桶高70厘米,直径60厘米,内糊牛皮纸数层,以利保温。每桶能装30袋蛋,每袋装蛋60个。网袋网眼2厘米×2厘米。

桶孵法的主要操作有炒谷、暖桶、暖蛋、入桶、翻蛋等。每年第1次孵化时,先将稻谷炒热,用以孵化新蛋。每锅每次炒谷2.5千克左右,炒后用纱纸包好。炒谷的孵桶温度要求,达到38~39℃,上下层还要高些达40~42℃。8~10天以后只炒底、面2层即可。

入孵前先将烘笼放在孵桶内加温或用热谷温桶,同时将选出的种蛋放在阳光下暖蛋,阴天时在室内炒谷"焙蛋",使蛋温达到与眼皮相似的程度。入桶时桶底先放1层冷谷,再放2层热谷。种蛋用麻布包裹后,视其冷暖程度,每装1层蛋即填1层炒热的稻谷或每2层蛋1层热谷,并加隔1层麻布。最后,上面放2层热谷,1层冷谷,再盖1层棉絮。入桶几批之后就可以不再炒谷,采用"老蛋抱新蛋"的办法,较为经济。

**四、平箱孵化**

平箱由箱体和热源2部分组成。箱体的外壳用木板、纤维板、厚纸板等材料,内填保温物,防止散热。箱体一般高1.6米,长与宽各1米。箱体内有一能转动的"△"形蛋架。上下装有活动的轴心,蛋架分为7层,上面6层放蛋筛,底层放一空竹匾,起缓冲温度的作用。蛋筛是孵化时盛蛋用的,每个蛋筛可放鸡蛋180枚。箱体的下部为热源部分,热源一般用炭火或蜂窝煤炉提供,有的加一个300瓦的电热板加温。

种蛋入孵前加热升温,达到正常孵化温度(38℃)后,将种蛋平放在上面6层蛋筛内,紧闭箱门,让温度徐徐上升至正常要求(38.5~39℃)为止。每天定时翻蛋2~4次,将蛋筛中间的蛋与边缘的蛋互换位置。此外每天调筛4~6次,转筛12次。鸡蛋在箱内孵化至13天左右,可转入摊床孵化。

**五、摊床孵化**

摊房有炕摊结合和专用摊房2种形式。摊床的大小和层数应据孵化规模而定,有2层和3层摊床,一般选用木柱或竹竿搭成。摊床高度以方便操作为准,下摊离地面80~90厘米,中摊和上、下摊每层间距为60~80厘米,上层离顶棚约70厘米。长度据规模而定,宽度以两人对面操作时能手对手翻蛋为宜。摊床面用高粱秆扎把横放,上面铺纸和3~5厘米厚的麦秸,再铺上苇席,在床边缘用高粱秆扎把,挡起约10厘米高,以防胚蛋或雏鸡掉下。

摊床操作分上摊、下摊和中摊。

上摊:胚蛋在炕上孵化到自热时开始转入摊孵(鸡胚11~13天),利用自身产生代谢热互相供温。刚转入摊床的胚蛋因自温能力差,必须盖棉被来保温。方法是:先在床面铺2层棉被,将胚蛋摆上,中间处摆1~2层,边蛋放2~3层,然后盖上2~3层棉被将胚蛋包严,防止散热,使胚蛋快速升温至39.5℃。当蛋温达到后(眼皮测试感到微烫)可减少盖被,稍加散热缓和后,开始第1次"轮摊",即将"边蛋"与"心蛋"对调。全部胚蛋互相移位后,再把孵蛋靠紧,盖好棉被继续增温。在此期间每昼夜轮摊4次,使胚蛋受热均匀。盖被要随胚蛋的增温情况而逐渐减少或改用薄被。胚蛋摆入层数也应减少为1~2层,鸡胚在12~13天时要保持摊床温度在37~38℃。

下摊:鸡胚发育至14~15天开始从上摊移到下摊(只有2层摊时应孵到17天再移为好),移入的胚蛋摆为1层,蛋温维持在37~37.5℃(眼皮感到温和舒适)。此阶段若遇到超温应立即揭掉盖被,甚至还要疏散胚蛋。若遇胚蛋发凉,则将胚蛋聚拢起来盖上棉被升温。此阶段由于胚体增大,蛋白质被吸收,不需轮摊,如发现中心蛋与边蛋温差较大,可不定时将边蛋与心蛋对调,以保持内外胚蛋受热均匀。

中摊:鸡胚至18天由下摊移入中摊出雏(若只有2层摊时现阶段仍属下摊),此时主要防止胚蛋出现过热或受凉,一般情况下不需盖被,只要保持室内空气新鲜。蛋温超过40℃时应喷温水降温,始终保持蛋温在37~38℃。孵化至21天时,每隔2~4小时,将绒毛已干的雏鸡及蛋壳捡出。大批出雏后,应将剩下的胚蛋集中或加盖单被保温,促进出雏。

在水禽蛋的孵化过程中后期采用摊床孵化的比较普遍。

### 六、传统孵化法的改进

为了克服传统孵化法劳动强度大,操作麻烦,靠眼皮感温难以准确控制温度等缺点,各地在长期的孵化实践中经摸索总结,已做了许多改进。如用温度计代替眼皮感温,用蛋盘孵化,以及平箱孵化和温室孵化法。温室孵化即在温室内安装八角形孵架似电孵箱内的多层孵架,可在室内翻蛋,亦可在室外进行翻蛋。孵化温度靠温室内砌的"回"字形或"8"字形火道或火墙提供。各种传统孵化法在摊孵期均保留了原来的孵化特点,并无变化。

## 思考题

1. 种蛋的消毒方法有哪些,如何操作?
2. 种蛋的孵化条件有哪些,如何控制?
3. 提高孵化率的措施有哪些?
4. 家禽胚外膜包括哪几种,作用分别是什么?
5. 孵化前应做好哪些准备工作?
6. 如何做好孵化的日常管理工作?
7. 影响孵化效果的因素有哪些?
8. 我国民间孵化技术有哪些特点?

# 第六章 初生雏禽的雌雄鉴别

初生雏禽雌雄性别标志不明显,因其缺少外生殖器官,出壳后不能立即辨出雌雄。只能等到第二性征出现以后才能加以区分。同品系的家鹌鹑在3周龄左右才能从羽毛和叫声辨别雌雄,蛋用型鸡4~5周龄,冠明显时才能准确辨认雌雄,肉用型和兼用型鸡到10周龄时还难以准确辨认。其他家禽如鸭3月龄,长出明毛(公鸭特有的毛)时才能将雌雄分出,鹅4~5月龄其鸣叫的声音才有差异,这与生产中必须将雌雄分群饲养管理的要求不一致。特别是蛋用家禽,不及早对初生雏禽进行雌雄鉴别,并及时淘汰,就会给蛋禽饲养者带来不必要的损失。因为雌雄混合饲养,雄雏代谢旺盛,体力强壮,争食多,必然影响雌雏的正常生长;在公母雏不分的情况下,养殖者在育雏房舍、笼具等饲养设施,环境控制条件及能源损耗上将有加倍,因此,禽蛋生产者总希望选购到雌雏进行专门化饲养或及早地将雌、雄分开,进行分群饲养。为满足饲养者的需求,人们对初生雏禽雌雄鉴别的理论、方法进行了研究与探索,证明孵化场在雌雄鉴别的时间上最具有主动权,必须在初雏孵化后及时地进行雌雄鉴别,一方面满足单性别禽饲养者的需要,另一方面也方便了混合饲养禽场的早期分群饲养管理。在蛋鹌鹑生产中及早对初生雏鉴别雌雄更具意义,蛋鹌鹑养殖户在不养雄鹑,只养雌鹑情况下,可使蛋鹌鹑生产效益提高40%以上。因为雌雄混养时,雄鹌鹑会对雌鹌鹑的生长发育有不利影响,而且长成后因为鹌鹑活禽出售时需要特殊的笼具,进行宰杀处理时,费工费时,搞不好还会造成活鹌鹑逃逸,很少有家庭主动买鲜活鹌鹑回家加工,种种原因造成养成的雄鹌鹑难以出手、销售小雄鹌鹑费工费时,非常麻烦。如果继续饲养下去,多养1个月就亏损1只鹌鹑钱,雌雄混养就会一直亏损,将雄鹌鹑处理掉,不仅节约饲料,还节省场地、

## 第六章　初生雏禽的雌雄鉴别

笼位和管理资源,只养产蛋鹌鹑不但可以扭亏,还能取得很可观的饲养效益。因此,现代化大型商品蛋禽场只养雌雏,常常将公雏淘汰作蛋白质饲料利用。以蛋鸡为例,每淘汰 1 只公鸡,可以将其在 4~5 周龄性别出现时所消耗的配合饲料、设备能源等节省下,同时,又能增加 1 只蛋鸡的饲养量。这样,一方面节约成本,另一方面,增加收益,对饲养者来说,一举双得。因此,初生雏禽的雌雄鉴别,在家禽的经济生产中具有十分重要的意义。

初生雏禽的雌雄鉴别,最早是采用外型外貌和雏禽的挣扎能力来鉴别。以雏鸡为例,一般来说雄雏头大,体躯粗壮,腰宽,趾粗长,眼大有神,叫声洪亮,活泼好动。团握在手心,可以感到腹部柔软有弹性,骨架较硬,挣扎有力。雌雏一般头小、体窄、稍轻、趾较细短、迟钝温顺。团握在手心,可以感到腹部较充实、弹性小、骨架较软、挣扎较无力。这种方法在民间流行多年,但是,其准确率低。因其受种蛋、批次、出壳时间和孵化过程中的管理水平等多种因素影响,很难一概而论。因此,只有在条件一致的情况下,具有丰富经验者,才能取得一定的鉴别效果。该方法因缺少客观的判断标准,经验的掌握很不容易,一般不作为科学方法推广传播。

经过长期的研究和摸索人们取得了如下方面的初生雏禽雌雄鉴别技术或方法:翻肛鉴别法,鸭或鹅的顶肛法、捏肛法,鸣管鉴别法以及现代的仪器设备鉴别法和伴性遗传鉴别法等。

虽然,前述这些方法鉴定准确率都很高,但是也各有不足。翻肛法鉴别初生雏鸡的雌雄性别,熟练的鉴别工在 3 分钟内可鉴定 100 只初生雏,准确率达 100%,但是,这些方法依靠的都是雏禽刚出生后尚未彻底退化完的生理特性进行鉴别的,第一,训练困难,即使翻开也很难分辨,经过相当时间的摸索还难以掌握。第二,有时间限制,初生雏的雌雄鉴别必须在出雏后 3~20 小时内完成,随着时间的推移特征会消失,肛门括约肌紧缩,翻肛困难,无法鉴别;第三,熟练的工作人员每小时鉴别 1 000 只左右,在高度集中的情况下非常劳累,如果大批量出雏就会需要较多的鉴别人员在有限地时间内做完；大大增加了劳动强度，也耗费人力、物力和财力；仪器鉴别雌雄法准确率高，速度慢，容易感染和损伤初雏，且投资较大。上述鉴别初雏雌雄的方法对孵化场而言都不够便利。动物遗传学家根据基因标记和伴性遗传理论，培育出的特殊家禽品种解决了这一大难题。目前，现代化大规模孵化生产企业，主要采用标记基因的伴性遗传原理，让初生雏禽自别雌雄。

虽然按照伴性遗传原理能在家禽出壳时由基因的性状标志自然将雌雄分开，但在种蛋生产过程中和孵化过程中需要做出双倍努力，才能获得具有下蛋潜力的雌性家禽，并淘汰大批的雄性雏禽。这种种蛋生产与孵化方法仍然不够理想。如果通过育种培育出只会生产单性别的母（公）禽蛋的种禽，就是说种禽群生产的种蛋是孵化时所需要的单一性别的雌性蛋或雄性蛋，就会将这一问题从根本上解决。这将为种禽业生产和孵化行业带来一场新的技术与产业革命，当然，这也是笔者及所带团队全体人员孜孜不倦所追求的目标。

## 第一节　伴性遗传基因标志鉴别法

伴性遗传基因标志鉴别法，就是根据初生雏的绒毛颜色，羽速的快慢及脚、趾皮肤颜色等性状特征对初生雏禽进行性别区分的一种方法。它是利用具有标记特征的基因在表现型中的标志特征与性别的连锁，进行雌雄鉴别的方法。利用伴性遗传原理，培育自别雌雄配套品系，通过不同品种或品系之间的杂交，就可以根据初生雏的某些伴性遗传性状如羽速、羽色等准确地辨别雌雄。这种方法的机理虽然对一般人来讲有一定的理解难度，但使用起来，方法很好掌握，简单方便，安全可靠，准确率高，节约人力、物力和财力，很受人们欢迎。

伴性遗传基因标志法鉴别初生雏禽的雌雄是利用禽性染色体上的基因所控制的性状将初生雏的性别分开。禽的性染色体及与性连锁的基因性状是实现雌雄鉴别关键。禽的性染色体分为2种类型：一类是常染色体，一类是性染色体。常染色体较多，而性染色体只有一对。这一对染色体根据禽的性别不同也不一样，在形成精子以前雄性个体细胞内是一对大小完全一样的染色体，通常用"ZZ"表示；而在形成卵子前，雌性个体的常细胞内则是一对大小不等的2条性染色体，常用"ZW"表示。Z染色体比W染色体长，携带的基因数量也多。染色体是遗传信息的载体，由于这种物质容易被染料染色，所以把这种细胞内的物质叫染色体。染色体上有许多决定家禽特征的基本因子，叫基因。由于染色体成对存在，2条染色体中处于等基因座位决定同一性状的2个基因叫等位基因，通常情况下，在1个群体中1个基因座位有1种基因，有多种基因存在时则称为复等位基因。具体到一个生物个体细胞内的染色体成对存在，2条染色体上处于同一基因座位的基因即等位基因，最多有2种不同的基因存在。2个完全相同的基因存在时叫纯合，2个不同的基因存在时叫杂合。生物某一性状通常是由处于两个染色体上的1对等位基因决定，或多对非等位基因共同作用的结果。在禽的性细胞——卵子和精子形成过程中，染色体需要配对，因雌性禽的性染色体大小悬殊，较大的Z染色体只能有一部分与W染色体配对，2条染色体就有可配对的部分与无法配对的部分，能够配对的部分为同源部分，不能配对的部分就称非同源部分。通常非同源部分决定的性状不是由1对等位基因决定而是由1个基因决定，或2个及其以上非等位基因决定。因雌性个体的1对性染色体大小不等，在长染色体上非同源部分所带基因较短小的染色体上非同源部分携带的基因数量多，决定的性状类型也多。正是这非同源部分所包含的某些基因表现出来的性状，随着雌性个体独立起作用，使隐性基因所具有的遗传性状在没其他基因作用时独立地表现出来，掌握这一规律后，人们便可将初生雏禽巧妙地分开。

存在于性染色体决定某性状的等位基因由2个基因成对存在

又表现为显隐关系,雌禽具有的性状对雄禽的性状表现为显性,则表明雄禽携带的基因是一对隐性纯合基因,雌禽携带的是显性基因,标志着这对基因可用来对初生雏禽进行雌雄鉴别,这2种禽同一遗传性状不同表现类型的禽群就可作为配套系进行杂交制种,就可以用来作伴性遗传基因标志鉴别初生雏雌雄的父母代,进行配套杂交制种,所生种蛋孵化出的子一代雄雏都具有雌禽的性状,而雌雏均呈雄禽的性状,呈现典型的交叉遗传现象。笔者等在鹌鹑中首次发现并应用于初生雏鹌鹑自别雌雄的方法,后代不呈交叉遗传现象,而是出现了第三种特征,并且父母代间正交后代均可自别雌雄,这是禽类自别雌雄研究中迄今为止所发现的唯一的一个例外,也是笔者等在禽自别雌雄研究方面所做的巨大贡献。目前应用在生产中的伴性遗传性状有:慢羽对快羽、银色羽对金色羽、横斑(芦花)对非横斑(非芦花)等。另外,中国饲养的鹌鹑中有栗色羽对白羽、黄羽,黄羽对白羽,白羽对黄羽等。

目前,利用伴性遗传基因标志鉴别雌雄的方法主要对初生雏鹌鸡和初生雏鹌鹑进行性鉴别。特别是初生雏鸡性鉴别方面用得更早也更加普遍,而鹌鹑初生雏利用伴性基因标志进行雌雄鉴别则是20世纪80年代中后期,培育出隐性白羽鹌鹑后的事。在鹌鹑生产中对初生雏广泛应用自别雌雄技术则是笔者在20世纪90年代,发现鹌鹑黄羽基因,培育出黄羽鹌鹑纯系,并与国内所养鹌鹑品种进行配套杂交研究成功并推广应用后的事,距今也不到20年的历史。

## 一、初生雏鸡自别雌雄鉴别法

1. 速、慢羽鉴别雌雄法(图6-1)

初生雏鸡主翼羽生长速度快慢受1对位于性染色体上的等位基因速生基因(k)和慢生基因(K)控制,且慢生基因(K)相对于速生基因(k)为显性,如果用带有速生基因的隐性纯系公鸡($Z^kZ^k$)与带有慢生羽基因的母鸡($Z^KW$)进行杂交,$F_1$代可出现自别雌雄现象即雄雏主翼羽缓慢生长,雌雏主翼羽快速生长,根据翼羽生长的快慢就可鉴别雌雄。

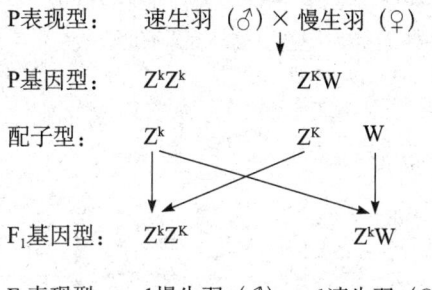

图 6-1 慢生、速生羽雌雄鉴别法

2. 羽色基因标志鉴别雌雄法(图 6-2)

由于银色羽和金色羽基因都位于性染色体(Z)上,且银色羽($Z^S$)对金色羽($Z^s$)为显性,所以银色羽母鸡与金色羽公鸡交配后其子一代的公雏为银色,母雏为金色。但由于存在其他羽色基因的作用,故其子一代雏鸡绒毛颜色出现中间类型。公雏的鉴别率达100%,母雏的只能达96%。

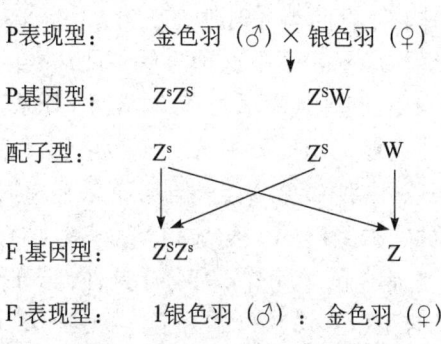

图 6-2 金银羽色鉴别雌雄法

3. 羽斑基因标志鉴别雌雄法(图 6-3)

具有横斑花纹的芦花洛克母鸡与非横斑洛克(非芦花)公鸡或

其他羽色公鸡(除具有白羽的白来航、白考尼斯鸡外)交配,其子一代公雏为芦花羽色(黑色绒毛,头顶有不规则的白色斑点)。母雏为非芦花羽色,即全身为黑绒毛或背部有条斑。

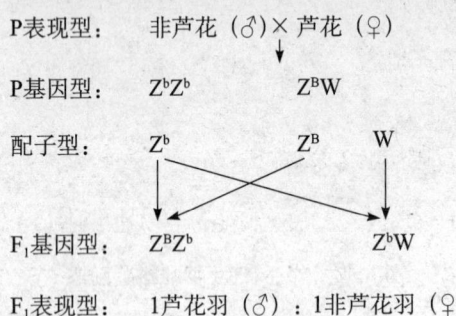

图6-3 羽斑鉴别雌雄法

**4. 羽速与羽色相结合鉴别雌雄法**

在A、B、C、D四系配套系生产中,不仅商品代需要对初生雏进行雌雄鉴别,父母代初生雏鸡也需要性别鉴定,为了完成父母代与商品代初雏的双自别雌雄过程,育种家们根据伴性遗传原理设计出了羽色与羽速相结合的双自别雌雄配套方法,如法国伊莎蛋鸡、"农大褐3号"蛋鸡,就是采用这种方法。此法要求母本父系(C系)带有银色、速生羽基因($Z^{sk}Z^{sk}$),母本母系(D系)带有银色、慢羽基因($Z^{sk}W$),这样父母代母本的公雏为银色、慢羽杂合型($Z^{sk}Z^{sk}$),母雏为银色、快羽($Z^{sk}W$),公母雏羽色一致,通过羽速自别雌雄。与其配套的父本父系(A)系,应该是金色、速羽($Z^{sk}Z^{sk}$),而父本母系(B系)应是金色、慢羽($Z^{sk}W$)。这样,父母代父本的公雏为金色、慢羽杂合型($Z^{sk}Z^{sk}$),母雏为金色、快羽($Z^{sk}W$),在羽色一致时,也可通过羽速自别雌雄。然后再利用父母代种鸡的不同羽色之间的显隐性关系和伴性遗传基因的标志特征,让商品代初雏通过羽色自别雌雄:公雏为银色、快慢羽各半($Z^{sk}Z^{sk}$;$Z^{sk}Z^{sk}$),母雏为金色、快慢羽各半($Z^{sk}W$;$Z^{sk}W$)。具体的ABCD四系配套父母代

(P)和商品代羽速和羽色结合鉴别雌雄的方法如下(图6-4):

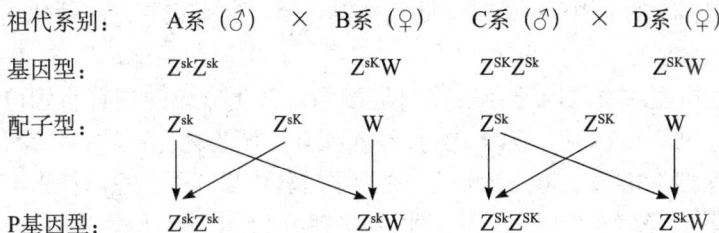

表现型:AB:金、慢羽($♂$):金、速羽($♀$) CD:银、慢羽($♂$):银、速羽($♀$)

**图6-4 羽色羽速结合鉴别雌雄法(上)**

在父母代(P)中按金色慢羽选AB公鸡与银色速羽选出CD母鸡杂交制种,所获得的商品代ABCD也能自别雌雄(图6-5)。

P表现型: 　金色、慢羽AB($♂$) 　×　 银色、速羽CD($♀$)

基因型: 　　　$Z^{sk}Z^{sK}$ 　　　　　　　　$Z^{Sk}W$

配子型: 　　$Z^{sk}$　　$Z^{sK}$ 　　　　　　$Z^{Sk}$　　W

商品代ABCD
基因型: 　$Z^{sk}Z^{Sk}$　$Z^{sK}Z^{Sk}$ 　　　　$Z^{sk}W$　$Z^{sK}W$

表现型:雄:1/4银、速羽,1/4银、慢羽 　　雌:1/4金、速羽,1/4金、慢羽

**图6-5 羽色羽速结合鉴别雌雄法(下)**

5. 脚、趾肤色鉴别雌雄法

禽的脚、趾肤色可表现为黄、白、青、黑、铅、青铜色等,这些肤色的遗传与性染色体有关。泰和鸡脚、趾肤色为青色,来航鸡为黄色。黄对青为显性。泰和公鸡与来航母鸡杂交后代为可自别雌雄,分辨率100%。

## 二、初生雏鹌鹑自别雌雄鉴别法

当前蛋用鹌鹑生产中所用的鹌鹑品种较少,主要是朝鲜蛋用鹌鹑、中国白羽鹌鹑和尚未命名的中国黄羽鹌鹑(周口黄羽鹌鹑、南京黄羽鹌鹑)。中国黄羽鹌鹑育出后,我国鹌鹑蛋生产80%靠的是杂交后代可自别雌雄的黄羽鹌鹑,20年前,我国以纯种的日本鹌

鹑和朝鲜鹌鹑为主进行鹌鹑蛋生产,而今这种现象已经不复存在,黄羽鹌鹑的出现彻底改变了我国鹌鹑蛋生产完全依赖洋品种的局面。自从我国培育出第一个鹌鹑品种——中国白羽鹌鹑以来,鹌鹑生产才开始运用配套杂交制种技术对初生雏鹌鹑进行自别雌雄。1990年春,从江苏无锡市,购入朝鲜龙城鹌鹑种,在周口市孵化、育雏并自繁自养。1991年,在栗羽鹌鹑中出现了一只隐性白羽鹌鹑,但笔者深知已经培养出白羽鹌鹑,因此未作为研究重点,而注意观察其他羽色方面的变异。1992年6月份,首次从所饲养的鹌鹑群中发现了几只初生雏羽色与其他初生雏不同的雏鹌鹑,养大后全是雌鹌鹑,到1994年已经有52只,且全为雌性,因为初生雏毛色比称为栗色的朝鲜鹌鹑初生雏羽色淡而黄,笔者初步认定其为黄羽,并认为所养鹌鹑群中存在有鹌鹑黄羽隐性伴性基因,于是就设计了鹌鹑黄羽隐性伴性基因的发现验证实验,在实验的同时,育出了雌雄均有的黄羽纯系。庞有志帮助修改了实验论文,并把论文投给中国畜牧兽医学会畜禽遗传标记研究会第五次大会进行交流,论文还发表在联合国FAO所属期刊《ANIMAL BIOTECHNOLOGY BULLETIN》上,并被CABI数据库收录,得到了国内外学者的高度评价。此后,黄羽鹌鹑逐渐在国内推广开来。笔者等又将黄羽鹌鹑与白羽鹌鹑进行了杂交,想弄清楚黄羽与白羽之间有没有显隐关系,初步设想黄羽为显性,白羽为隐性,栗黄白三者之间羽色关系可能是一种递减的梯度等级关系。实验结果出人意料,因为杂交之后所生雏鹌鹑虽然也自别雌雄,但不是所设想的交叉遗传结果,因基因关系不清,无法写出论文。由于理论指导的不足,研究进入僵局,2年内一直没有突破性进展。因为在研究中我们出现了思维定式,用过于简单的方法去分析较复杂的遗传现象。后来,通过大量阅读经典遗传著作,方宗熙著《遗传学》中的一句话提示了我,让我茅塞顿开,没有解决的问题终于迎刃而解。1999年论文终于写出,2000年首次在中国家禽学报上发表。在庞老师的修改下,论文水平再次拔高,分别在《ANIMAL BIOTECHNOLOGY BUL-

LETIN》和《遗传》上发表,为鹌鹑自别雌雄配套系奠定了理论基础,拓展了鹌鹑杂交配套的制种方法,在禽中首创了正反交后代均可自别雌雄和三元杂交初生雏均可自别雌雄的制种模式。将我国唯一的一种白公×栗母杂交后代自别雌雄的方法拓展到目前的多种。

以前国内的文献总是用 1 对伴性基因介绍禽杂交制种后代可自别雌雄,两系正交出现交叉遗传现象,反交则不能,在这种思想作用下,使我们无法解释鹌鹑正反后代均可自别雌雄而没有出现交叉遗传的现象,为了弄清正反后代均可自别雌雄的遗传机理,我们进行了大胆地假设,对蛋鹌鹑生产中所用的鹌鹑主要品种栗羽、黄羽和白羽 3 种羽色的基因型及表现型的关系进行研究。设栗羽基因为"Y",黄羽基因为"y",白羽基因为白化基因设为"b",对应的是有色基因为"B";4 个基因均在性染色体上。经杂交实验,证实黄羽(y)、有色羽(B)、白羽(b)和栗羽(Y)这 4 个基因属于 Z 连锁伴性遗传。栗羽、黄羽和白羽不是同一基因座上复等基因控制的性状,而是由性连锁的 2 个基因座 B/b 和 Y/y 相互作用的结果。B 和 b 为一对等位基因,与色素的合成有关,B 为有色基因,b 为白化基因,B 对 b 为显性,只要含有 B 基因即表现有色羽。Y 和 y 为另一对等位基因,分别控制栗羽和黄羽,Y 对 y 为显性。栗羽和黄羽的存在与否,取决于有色基因 B 的存在,B 与 Y 相互作用产生栗羽,B 与 y 相互作用产生黄羽。白羽是白化基因 b 对 Y 和 y 上位(或抑制)作用的结果。3 种羽色纯合子的基因型与表现型之间的关系为:朝鲜龙城系:$Z^{YB}Z^{YB}$(♂),$Z^{YB}W$(♀);中国白羽系:$Z^{Yb}Z^{Yb}$(♂),$Z^{Yb}W$(♀)和 $Z^{yb}Z^{yb}$(♂),$Z^{yb}W$;周口黄羽系:$Z^{yB}Z^{yB}$(♂),$Z^{yB}W$(♀)。白羽系和黄羽系是朝鲜龙城系分别在 B/b 和 Y/y 基因座隐性突变的结果。白羽和黄羽对龙城栗羽都遵循隐性伴性遗传规律。白羽系与黄羽系正反交后代均能自别雌雄。

1. 二元杂交初生雏绒羽鉴别雌雄法

中国白羽鹌鹑公($Z^{Yb}Z^{Yb}$)或黄羽鹌鹑公($Z^{yB}Z^{yB}$)与朝鲜栗羽鹌鹑母($Z^{YB}W$)杂交后代可自别雌雄表现为前者栗羽为公,白羽为

母;后者,栗羽为公,黄羽为母。如图6-6所示:

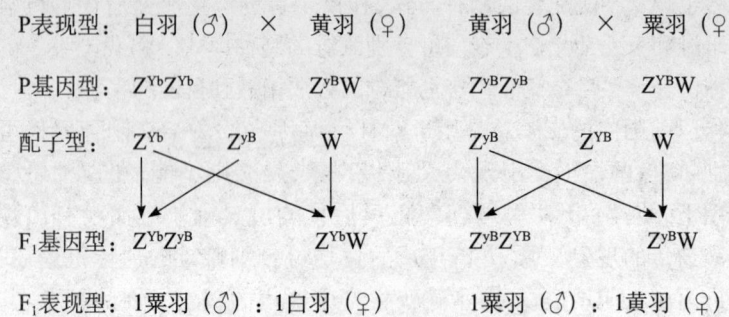

图6-6 初生雏绒羽自别雌雄法

2. 二元正反交初生雏绒羽鉴别雌雄法

运用性染色体上伴性基因的互作理论,将黄羽公与白羽母之间的杂交作为正交,同时把白羽公与黄羽母之间的杂交当作反交后代可以自别雌雄,如图6-7所示。

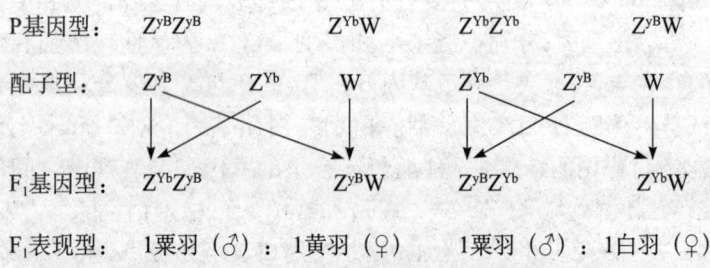

图6-7 黄、白羽鹌鹑正反自别雌雄法

3. 三元杂交初生雏绒羽鉴别雌雄法

将栗、黄、白3种鹌鹑进行三元杂交,利用伴性遗传基因之间的显隐关系和基因互作各代均可自别雌雄。如果选黄羽公鹌鹑与栗羽母鹌鹑杂交后代可自别雌雄,所生后代黄羽母鹌鹑再与白羽公鹌鹑进行三元杂交,后代仍可自别雌雄并实现了三元杂交的目标。同样,先用白羽公鹌鹑与栗羽母鹌鹑杂交后代可自别雌雄,所生后代白羽母鹌鹑再与黄羽公鹌鹑进行三元杂交,后代仍可自别雌雄也能实现三元杂交的目标。

## 第二节 仪器鉴别雌雄法

20世纪50年代初期,日本木泽武夫制成了雏鸡雌雄鉴别器(图6-8A),1952年,随着日本工业品展览会传入我国。它是利用光学原理设计的一种窥探镜。此仪器通过窥探技术直接观察初生雏的生殖器官是睾丸还是卵巢,鉴别雌雄非常准确。该仪器主要由鉴别器(包括接目部、柄部、反射镜部、曲管部、聚光部)、配电盘和控制电路等部分组成。仪器的构造原理是将光线反射,集聚于玻璃曲管,玻璃曲管等长于雏禽睾丸或卵巢到尾部的距离,将玻璃曲管插入初生雏的直肠,从肛门射入光束,透过直肠壁照亮位于玻璃曲管前端相对的生殖器官,通过光学系统,观察生殖器官,并判断雌雄。使用时,把鉴别器的玻璃曲管插入雏鸡直肠,通过接目部直接观察睾丸或卵巢,母雏只在左侧有一扁平三角形淡灰色或粉红色的卵巢,公雏则在左右两侧各有一个香蕉形或圆棒状淡黄色睾丸(图6-8B)。初生雏雌雄鉴别器,方法简单,容易掌握,鉴别准确率高,熟练者准确率可达98%~100%。每人每小时可鉴别500~800只初生雏鸡。

操作方法:鉴别员左手掌心贴雏背将雏鸡抓起,将雏团握手中,用左拇指压雏鸡的腹壁,使其将胎粪排出,让幼雏呈正常的站立姿势,泄殖腔暴露在鉴别者面前,右手执鉴别器柄部将曲管稍向上斜插入直肠稍向上贴,插入深度以曲管的根部靠近泄殖腔为准。通过鉴别器的接目部,可在视野中见到雄雏左右睾丸,雌雏只在左侧的卵巢。

使用时应按说明书的要求配置电源。值得注意的是玻璃曲管质脆易碎,在安装、拆卸时,要特别谨慎,轻拿轻放。同时,还应尽可能在 24 小时内完成雌雄鉴别工作,以免肠壁增厚,影响准确率。在玻璃曲管插入直肠的一瞬间,使曲管前端接近观察物时,动作要轻捷,切勿损伤肠壁和脏器等。

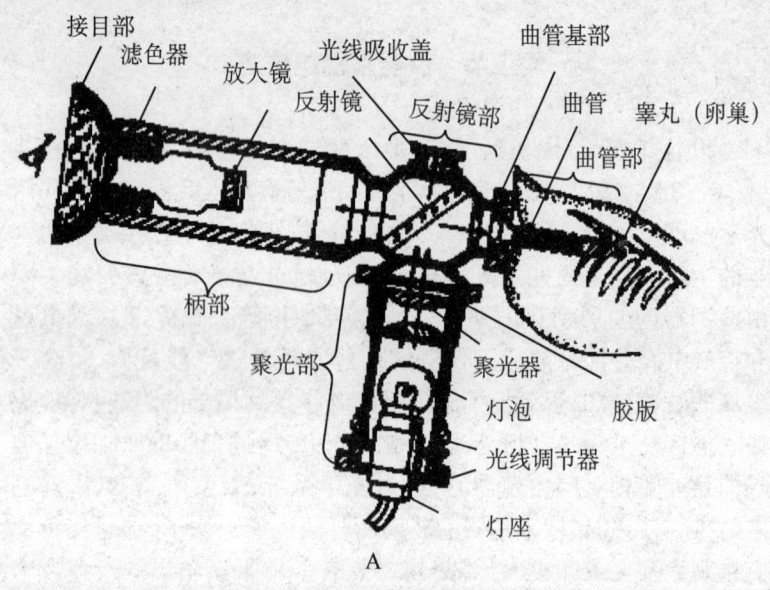

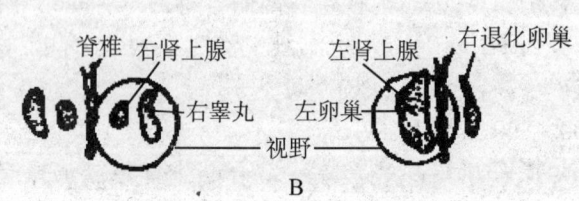

**图 6-8　初生雏鸡雌雄机械鉴别法**

A. 初生雏鸡雌雄鉴别器;B. 雌雄鉴别器视野中的睾丸和卵巢

运用初生雏雌雄鉴别器,操作上比较麻烦,鉴别速度慢,还容易传播疫病,对初生雏的直肠还有伤害的风险,而且购买仪器需要一定资金投入,增加了初生雏的雌雄鉴别成本,孵化企业很少采用。

## 第三节 初生雏禽泄殖腔生殖突隆起鉴别法

### 一、初生雏鸡翻肛鉴别雌雄法

1. 雏鸡生殖器官形态

禽泄殖腔是禽的直肠、泌尿、生殖道共同开口的室腔,通过肛门与外界联系。因雌雄不同,开口数各异。将泄殖腔背壁纵向切开,雄性泄殖腔内共有5个开口:1个直肠开口、2个输尿管开口、2个输精管开口。输尿管开口于泄殖腔背侧内壁第一皱襞的外侧,输精管开口于泄殖腔腹侧内壁第一及第二皱襞的凹处,成年禽有小乳头突起。雌鸡泄殖腔内共4个开口,分别为:2个输尿管开口、1个输卵管开口和1个直肠开口。由内向外可以看到3个主要皱襞:第一皱襞作为直肠末端和泄殖腔的交界线而存在,它是黏膜的皱襞,与直肠的绒毛状皱襞完全不同。第二皱襞约位于泄殖腔的中央,由斜行的小皱襞集合而成。在泄殖腔背壁幅度较阔,至腹壁逐渐变细而终止的是第三皱襞,第三皱襞是形成泄殖腔开口的皱襞。初生雏泄殖腔的构造与成年鸡没有显著差异,3个主要皱襞已经与成年鸡同样的发达。

成年公鸡在近肛门开口,泄殖腔腹侧内壁中央,第二、第三皱襞结合处,有一芝麻粒大的白色球状突起,两侧围以规则的皱襞,称"八字状襞",白色球状突叫"生殖突起"。生殖突起和八字状襞构成显著的隆起,称为生殖隆起。交尾时,该生殖隆起因充血勃起而成管道状,精液通过该管射至母鸡的阴道口。生殖隆起因有这样的功能而又不发达,所以叫退化的交尾器官。雌鸡泄殖腔的3个皱襞及输尿管的开口部位与雄鸡完全相同,但没有交尾器官和输精管开口,而在泄殖腔左侧稍上方,第一、第二皱襞间有一输卵管(或阴道)开口,公鸡存在退化交尾器官的地方,母鸡不但没有而且还呈凹隙状(图6-9)。

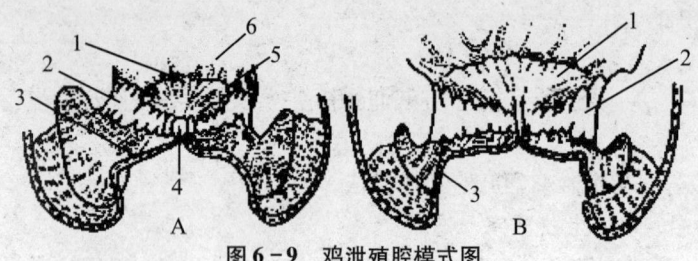

图6-9 鸡泄殖腔模式图

A. 公鸡泄殖腔模式图;B. 母鸡泄殖腔模式图

1. 第一皱襞;2. 第二皱襞;3. 第三皱襞;4. 生殖突起;5. 输精管乳头;
6. 直肠的末端

初生雏的生殖隆起,从11胚龄的鸡胚中就能分辨出,到第12胚龄差异较显著,雌胚的隆起变得比雄胚低而扁平。这个时期生殖隆起中央的突起称为头部,底部称为基部,随着胚龄增加,雌胚的生殖隆起逐渐缩小,在孵出时头部只作为不成形的皱襞而残存,基部也逐渐退化缩小而不明显。反之,雄胚生殖隆起的头部发育显著,成为圆形的生殖突起,基部构成生殖突起两侧的八字状襞。初生雏的生殖突起没有成年公鸡的大,比小米粒还小。初生雌雏生殖隆起也没有全部消失,仍有残存,因品种个体不同,有的还相当发达。雄雏大多可以看到输精管开口的小乳突,但因个体不同而差异很大,有的几乎难以辨认。雌雏的输卵管这时还很细,仅末端膨大,而其开口尚未发达。

初生雏的生殖隆起原则上是雄雏发达,有弹性,有光泽,但形态及发育程度因个体而异。初生雌雏生殖突起不是个个都消失,因品种个体有差异,肉用品种和兼用品种初生雌雏比蛋用品种雌雏有生殖突起的多。但与初生雌雏相比,无弹性,无光泽,易变形。翻肛鉴别法主要是根据生殖突起及八字状襞的形态、质地来分辨雌雄雏(图6-10),在雄雏的也消失,母雏的也残存情况下,增加了鉴别的难度。因此,必须加强基本功训练,才能取得鉴别能力。

本法是根据初生雏有无生殖突起以及生殖隆起在组织形态

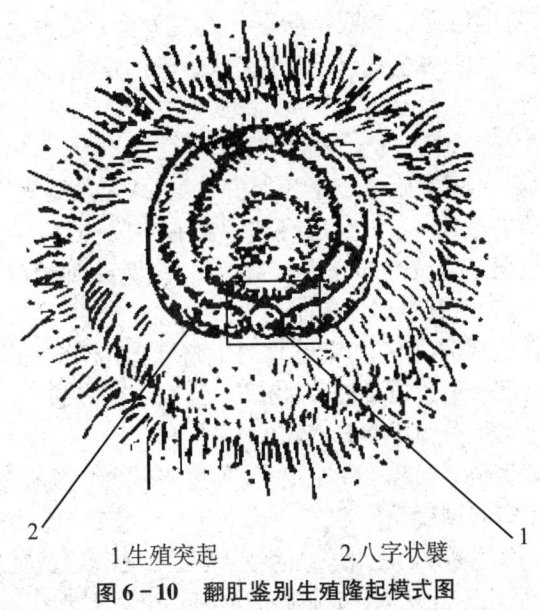

1.生殖突起　　2.八字状襞

图6-10　翻肛鉴别生殖隆起模式图

上的差异,以肉眼分辨雌雄的一种鉴别方法。然而,初生雏雄性有生殖突起,雌性也没完全消失,相当一部分品种不但有残存还很发达。在鉴定前必须对初生雏鸡生殖突起的形态和分类有清楚的认识。

2. 雏禽生殖隆起的组织形态

(1) 雄雏生殖隆起类型　雄雏生殖隆起分为正常型、小突起型、扁平型、肥厚型、纵型和分裂型6种类型。正常型生殖隆起最发达,长0.5毫米以上。形状规则,实似球状,富有弹性,外表有光泽。轮廓鲜明,位置端正,在肛门浅处。八字状襞发达,但少有对称者。小突起型,生殖隆起特别小,长径在0.5毫米以下,八字状襞不明显,且不很规则。扁平型生殖突起扁平横生,如舌状,八字状襞不规则而发达。此型又分3种:一是生殖突起的舌状尖端向外,二是生殖突起的尖端向内,三是生殖突起直立于襞,即舌状尖端向上。肥厚型生殖突起与八字状襞相连,界限不明显,八字状襞特别发达,将生殖突起与八字状襞一起观看就是肥厚型。纵型生殖突起位置纵长,多呈纺锤形,八字状襞既不发达,又不规则。可分2种情况:第一,生殖突起似正常型,前端伸入探部,八字状襞发达;第二,生殖突起中央大、两头尖,为正纺锤形,位置纵长伸入深部,前端达第一皱襞,后端至泄殖腔开口处,八字状襞既不发达,又不规则。分裂型罕见,在生殖突起中央有一纵沟,将生殖突起分离。一种情况是生殖突起完全分离为2个;另一种情况是生殖突起大部分分离,只有小部分相连。

雌性在正常情况下,初生雌雏的生殖隆起几乎完全退化,此类型称为正常型。但也有20%~40%的雌雏生殖隆起未完全退化,根据其形态又可分为小突起型和大突起型。

正常型生殖突起几乎完全退化,其原来位置仅残存皱襞,且多为凹陷。小突起型生殖突起长0.5毫米以下,其形态为球形或接近球形,八字状襞明显退化。大突起型生殖突起的长径在0.5毫米以上,八字状襞也发达,与雄雏生殖突起正常型相似。

(2)初生雏鸡生殖隆起的组织形态差异　初生雏鸡有无生殖隆起是鉴别雌雄的主要依据,但部分初生雌雏的生殖隆起仍有残迹,这种残迹与雄雏的生殖隆起在组织上有明显的差异。正确掌握这些差异,是提高鉴别率的关键。白色来航鸡的雌雄生殖隆起各类型比见表6-1和表6-2。

**表6-1　白色来航鸡雌雏生殖隆起各类型比例**

| 类型 | 正常型 | 小突起 | 大突起 |
| --- | --- | --- | --- |
| 数量/只 | 562 | 345 | 33 |
| 比例/% | 59.8 | 36.7 | 3.5 |

**表6-2　白色来航鸡雄雏生殖隆起各类型比例**

| 类型 | 正常型 | 小突起 | 扁平型 | 肥厚型 | 纵型 | 分裂型 |
| --- | --- | --- | --- | --- | --- | --- |
| 数量/只 | 1 039 | 58 | 72 | 82 | 72 | 3 |
| 比例/% | 78.4 | 4.4 | 5.4 | 6.2 | 5.4 | 0.2 |

初生雏鸡生殖隆起从组织特征来看,其黏膜的上皮组织雌雄雏虽没有明显差异,但黏膜下结缔组织却有显著不同。雌雏生殖隆起黏膜下组织的细胞不充实,排列稀疏,其深部组织已退化萎缩,并与淋巴空隙相连而成空洞,深部有少数血管。相反,雄雏此部的细胞充实,排列致密,深部有很多血管,表层亦有血管。在外表上雌、雄雏生殖隆起有以下几点显著差异。

A. 外观感觉:雌雏生殖隆起轮廓不明显,萎缩,周围组织衬托无力,有孤立感;雄雏的生殖隆起轮廓明显、充实,基础极稳固。

B. 光泽:雌雏生殖突起柔软透明;雄雏生殖突起表面紧张,有光泽。

C. 弹性:雌雏生殖隆起的弹性差,压迫或伸展易变形;雄雏生殖隆起富有弹性,压迫、伸展不易变形。

D. 充血程度:雌雏生殖隆起血管不发达,且不及表层,刺激不易充血;雄雏生殖隆起血管发达,表层亦有细血管,刺激易充血。

E. 突起前端的形态:雌雏生殖隆起前端尖,雄雏生殖隆起前端圆。

3. 肛门鉴别法

肛门鉴别的操作可分为:抓雏、握雏;排粪、翻肛;鉴别、放雏3个步骤。

(1)抓雏、握雏　雏鸡的抓握法一般有夹握法和团握法2种。

A. 夹握法:右手抓握法,右手朝着雏鸡运动的方向,掌心贴雏背将雏抓起。然后将雏鸡头部向左侧,迅速移至放在排粪缸附近的左手,雏背贴掌心,肛门向上,雏颈轻夹在中指与无名指之间,双翅夹在食指与中指之间。无名指与小指弯曲,将两脚夹在掌面。技术熟练的鉴别员,往往右手一次抓2只雏鸡,当一只移至左手鉴别时,将另一只夹在右手的无名指与小指之间(图6-11A)。

B. 团握法:也称抓握法或左手直接抓握法。左手朝雏运动的方向,掌心贴雏背将雏抓起,雏背向掌心,肛门朝上,将雏鸡团握在手中,雏的颈部和两脚顺其自然(图6-11B)。

2种抓握法没有明显差异,虽然右手抓雏移至左手握雏需要时间,但因右手较左手敏捷而得以弥补。团握法多为熟练鉴别员采用。

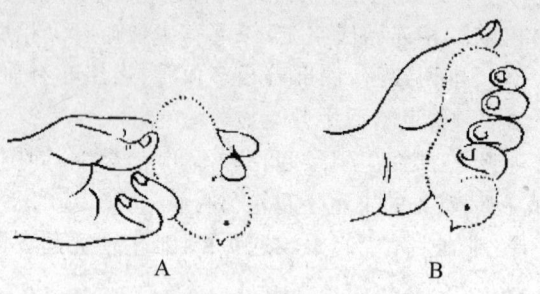

图6-11 握雏手法
A. 夹握法;B. 团握法

(2)排粪、翻肛

A. 排粪:在鉴别观察前,必须将粪便排出,其方法是左手拇指轻压雏鸡腹部左侧髋骨下缘,借助雏鸡呼吸将粪便挤入排粪缸中。有人认为这样做既费时又伤雏。最好采用紧压雏鸡肛门下缘直肠末端处(第一、第三种翻肛法用右手拇指,第二种翻肛法用右手食指)以隔断直肠与肛门的通路,粪便既不排出,也有利于鉴别。但王庆民等认为这样做并不妥,因为压紧雏鸡肛门的力度不好掌握,轻则照样排粪,重则把雏鸡压伤。

B. 翻肛法:翻肛的手法常采用如下3种。

一种是左手握雏,左手拇指从前述排粪的位置移至肛门左侧,左手食指弯曲贴于雏鸡背侧,与此同时右手食指放在肛门右侧,右手拇指放在雏鸡脐带处(图6-12A)。右拇指沿直线往上顶推,右食指往下拉,往肛门处收拢,左拇指也往里收拢,3指在肛门处形成一个小的三角区,3指凑拢一挤,肛门即翻开(图6-12B)。

第二种是左手握雏,左拇指置于肛门左侧,左食指自然伸开,与此同时,左中指置于肛门右侧,右食指置于肛门下端(图6-

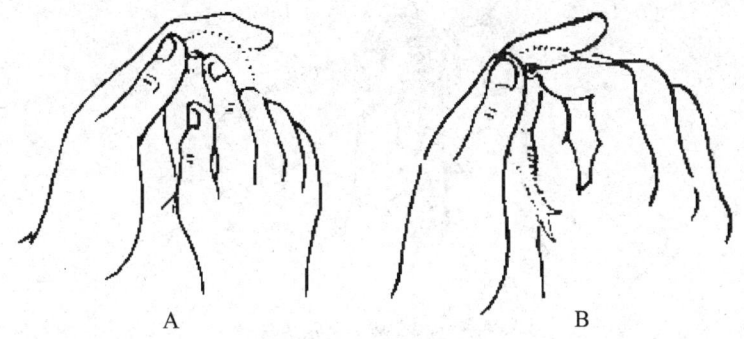

图 6-12 翻肛手法之一

13A),然后,右食指往上顶推,右中指往下拉,向肛门收拢,左拇指向肛门处收拢,3 指在肛门形成一个小三角区,由于 3 指凑拢,肛门就被翻开(图 6-13B)。

第三种方法要求鉴别员右手大拇指留有指甲。翻肛手法与第一种基本相同(图 6-14)。

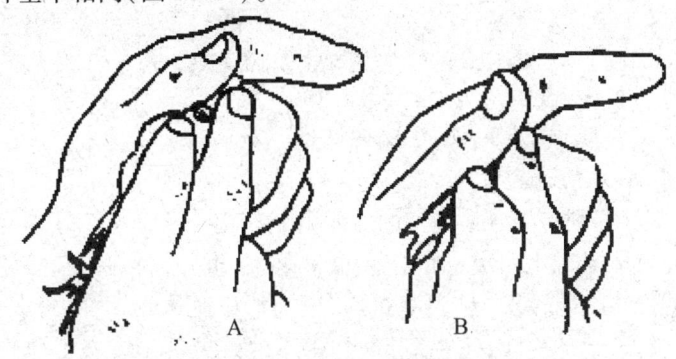

图 6-13 翻肛手法之二

(3) 鉴别、放雏 根据生殖隆起有无和形态差别便可判断雌雄(图 6-15)。如果有粪便或有渗出物排出,可用左拇指或右食指抹去再行观察。如果难以分辨,也可用左拇指或右食指触摸,观察其充血和弹性程度分辨公母。

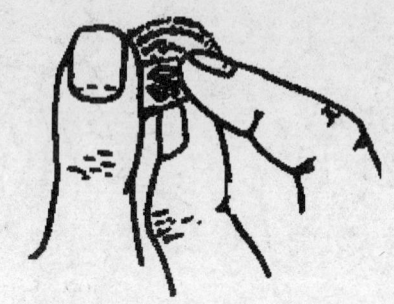

图 6-14 翻肛手法之三

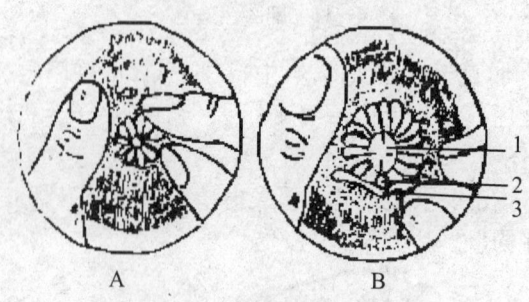

图 6-15 雏鸡翻肛鉴别雌雄法

A. 鉴别手势 B. 翻肛后
1. 肛门；2. 生殖突起；3. 八字状襞

4. 鉴别的适宜时间

翻肛鉴别初生雏最适宜的时间就是在出壳后 2~12 小时。因为，此时雌雄雏生殖突起的性状最显著，雏也好抓握，肛门较松易翻开。一定要注意不能过早进行，因为初生雏体软弱，呼吸弱，蛋黄吸收差，腹部充实，不易翻肛，技术不熟练者甚至会造成雏鸡死亡。也不能 24 小时后再进行，因为出雏 1 天以上，肛门发紧，难以翻开，而且生殖突起萎缩，甚至陷入泄殖腔深处，不便观察。因此，最迟不要超过 24 小时。

5. 翻肛鉴别法的要领

（1）正确掌握翻肛手法 翻肛既能翻开，位置又要正确。翻肛时，3 指关节不要弯曲，三角区宜小，不要外拉、里顶，才不致人为地造成隆起变形,而发生误判。

(2)仔细辨别生殖隆起　能否准确分辨雌雄生殖隆起的微小差异是鉴别成败的关键。一般来说,鉴别准确率达到80%~85%并非难事,有几天的训练就可以做到。但要达到生产能够应用的95%~100%准确率及相当速度,还需要较长时间的实践。这是因为出雏后仍有部分雌雏生殖隆起有残留。容易与雄雏生殖隆起某些类型相混淆,一般容易发生误判的是:雌雏的小突起型误判为雄雏的小突起型,雌雏的大突起型易误判为雄雏的正常型,雄雏的肥厚型易误判为雌雏的正常型,雄雏的小突起型易误判为雌雏的小突起型。这些只要不断实践是不难分辨的。

(3)重视生殖突起观察的同时要重视八字状襞的差异　生殖隆起是由生殖突起与八字状襞所构成,不能只注重生殖突起而忽略八字状襞。正确的做法是注意生殖突起的同时兼顾八字状襞,把2者作为一个整体来观察分辨。

(4)提高鉴别速度　鉴别速度过慢,鉴别准确率又低就失去了雌雄鉴别的意义。如何提高鉴别速度,要做到"三快"、"三个一次"。"三快":握雏翻肛手要快,辨雌雄脑反应要快,辨别后放雏要快。"三个一次":胎粪一次要排净,翻肛一次要翻好,辨认一次要看准。

总之,翻肛鉴别法的准确率很大程度上取决于翻肛操作的熟练程度,正确掌握翻肛手法,准确鉴别雌雄生殖突起的组织形态差异,不要人为造成隆起变形,所谓"七分手势,三分鉴别"。因为翻肛是一项技巧,只有使肛门开张完全,生殖突起全部露出,才能准确识别。肛门翻开后,识别时的困难主要在于雌雏有少数(来航型鸡约有20%)个体有残留的异常型生殖突起(正常型无生殖突起),容易与雄雏的生殖突起混淆,误将雌雏判定为雄雏,这就要依据雌雏异常型生殖突起与雄雏生殖突起在组织形态上的差异来正确区分。雄雏的生殖突起充实,饱满,有光泽,富于弹性,用指头轻轻压迫,或左右伸张时不易变形,血管发达,受刺激易充血;雌雏的生殖突起不饱满,有萎缩感,表面软而表现透明,缺乏弹力,易变形,不易充血。

6. 鉴别注意事项

(1) 动作要轻捷　鉴别时动作粗鲁容易损伤肛门或使卵黄囊破裂,影响以后发育,甚至引起雏鸡的死亡。鉴别时间过长,肛门容易被粪便或渗出液掩盖或过多充血,无法辨认。

(2) 姿势要自然　鉴别员坐的姿势要自然,持续工作才不易疲劳。

(3) 光线要适中　肛门雌雄鉴别法光线要充足,自然光线一般不具备上述要求,光线过强过弱都容易使眼睛疲劳。常采用有反光罩的 40~60 瓦乳白灯泡的光线。

(4) 盒位要固定　鉴别桌上的鉴别盒分 3 格,中间一格放未鉴别的混合雏,左边一格放雌雏,右边一格放雄雏。要求位置固定,不要更换,以免发生差错。不仅要求每个鉴别员个人放雏位置固定,而且要求同一孵化场的所有鉴别人员放雏位置一致。

(5) 鉴别前要消毒　为了做好防疫工作,鉴别前,要求每个鉴别员穿工作服、鞋,戴帽、口罩。并用新洁尔灭消毒液洗手。

(6) 眼睛要保健　肛门鉴别法是用肉眼观察分辨雌雄的一种方法。鉴别员长年累月用眼睛观察,是技术性很强的劳动,所以必须注意保健,尤其是眼睛的保健。除做广播操、眼保健操之外。应争取多做一些室外运动,并定期进行体检。

7. 肛门鉴别法的练习

(1) 肛门鉴别法的练习　练习时应坚持:"严肃认真,循序渐进,抓住重点,反复实践"的原则。

(2) 练习时要循序渐进　首先练习抓雏握雏技术,虽然它并不影响鉴别的准确性,但却影响鉴别速度。其次练习排粪翻肛技术,这是提高准确率和速度的基础。然后再练习分辨雌雄和放雏技术。

不要只重视练习观察生殖隆起的形态差异,而忽视其他方面的练习。初学者最好先用雄雏练习,因雄雏价值低,生殖隆起类型多,而且有大量雄雏供观察。在较熟练掌握雄雏生殖隆起的形态之后,再练习鉴别雌雄混合雏,应避免初学者立即鉴别雌雄混合雏。

仅掌握雄雏生殖隆起的形态不能算掌握了雌雄鉴别技术,因为部分初生雌雏仍有生殖隆起的残迹存在。有对比才有鉴别,只有正确分辨雌雄雏生殖隆起的差异,才能正确区分雌雄雏,此时才可以说基本掌握了雌雄雏鉴别技术。

鉴别法练习的重点是翻肛技术和辨别雌雄技术。肛门能否翻开,能否不产生人为变形或造成人为的生殖突起和八字状襞。这是初学者应当注意的问题。所以初学者应在正确翻肛的基础上,苦练辨别雌雄的硬功夫。

掌握雌雄鉴别技术不是一朝一夕能够学会的,应当强调反复实践、反复体会。要做到手脑并用,边实践边体会,遇到不能准确判断时,首先看清牢记生殖隆起的形状及特性,然后再进行解剖观察,这样多次反复,以后遇到同样情况,就可准确辨认雌雄了。

8. 雏鸡的解剖

解剖雏鸡的目的,在于通过直接观察生殖器官来验证肛门鉴别的判断是否正确。这是初学者提高准确率的重要手段。其解剖步骤如下:①以右手拇指和食指将雏鸡两翼握于雏鸡胸前(图6-16A);②右手向外翻转,以左拇指平行贴于鸡背,其余4指握住雏鸡头部和颈部下端(图6-16B);③左手固定不动,右手用力一撕(用力不宜过大),从胸前纵向将雏鸡背部与腹部撕开(图6-16C);④在撕开的同时,用左手食指(或右手食指)贴雏背向上顶(图6-16D),一般即可观察到生殖器官(睾丸或左侧卵巢),如若生殖器官被脏器所掩盖,可用拇指拨开脏器,即露出生殖器官。

孵化场出雏量很大。要在很短时间内把雌雄鉴别工作做完,鉴别速度必须很快。误判1只雏鸡相当于浪费500克粮食或0.5~0.6元,所以鉴别的准确率必须很高。一般技术熟练的鉴别员每小时鉴别1 000~1 200只雏鸡,准确率在98%~100%。1984年北京举办了鉴别竞赛,47名选手的平均成绩为100只雏鸡用时5分7秒,准确率96.6%。获第一名的高亚莉仅用3分33秒,准确率达100%。这与鉴别员的身体条件和技术熟练程度关系很大。

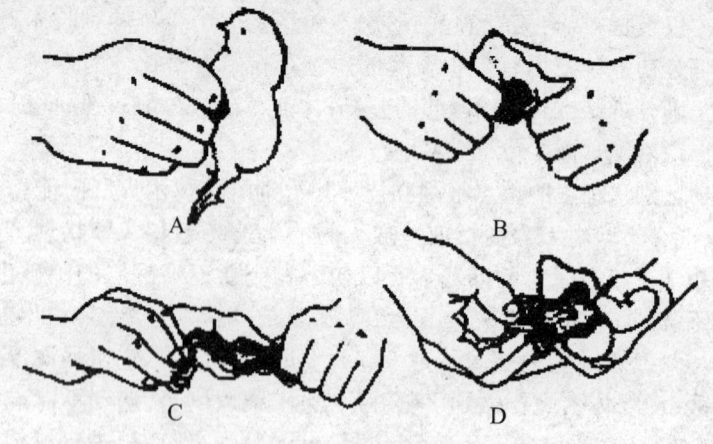

图6-16 初生雏鸡解剖法

鉴别员两眼视力必须在1.2以上,反应要快。色盲和色弱都不行。学习过程中要熟记各生殖隆起,通过大量实践,掌握基本鉴别方法,还要经常从事鉴别工作,注意练习。

## 二、雏鸭、雏鹅翻肛鉴别雌雄法

受精鸭蛋孵化至第8胚龄,开始出现生殖隆起原基。孵化第14胚龄,雄雏的生殖隆起开始向右捻转,而雌雏无此变化。孵化第18胚龄,雄雏的生殖皱襞很发达,捻转更明显,隆起内面的纵沟已达中央头部的前端,成为后来的输精沟。而雌雏的生殖隆起发育极缓慢。孵化第25胚龄,雄雏的生殖隆起捻转1.5周,出雏时达2周,长度达4~5毫米,呈螺旋形。故可以通过翻肛、捏肛(摸肛)和顶肛等方法鉴别雌雄。

### 1. 方法

鉴别者左手握雏鸭(鹅),让头朝外、腹部朝上、背向下,雏鸭

(鹅)背部紧贴手掌,呈仰卧姿势。肛门朝上斜向鉴别者。尾部在虎口处,左手中指与无名指夹住雏鸭(鹅)两脚的基部,食指贴靠在雏鸭(鹅)的背部。拇指置于泄殖腔右侧,头及颈部任其自然。右手大拇指放在雏鸭(鹅)肛门左下方、食指放在肛门左上方。右手大拇指和左手食指向外轻拉,左手拇指向上轻顶,雏鸭(鹅)的泄殖腔就会外翻。如果在泄殖腔下方见到螺旋形皱襞(雏鸭、鹅的阴茎雏形)即为雄雏;若看不到螺旋形阴茎雏形,仅有呈"八"字状的皱襞,则为雌雏(图6-17)。

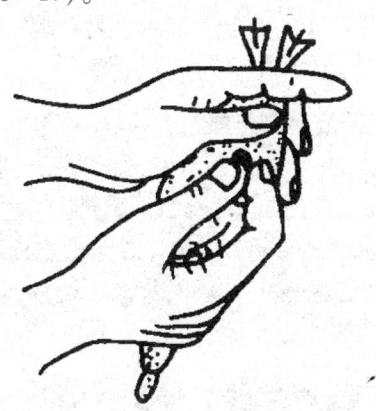

6-17 雏鸭(鹅)翻肛鉴别手势

2. 注意事项

鉴别要在光线较强的地方进行,这样才容易看清楚有无外生殖器;雏鸭的肛门比较紧,翻肛时的力度比雏鸡鉴别时稍大,在出壳48小时内鉴别。

**三、初生鹌鹑翻肛鉴别雌雄法**

鹌鹑翻肛鉴别法,左手团握或夹握鹌鹑(可按初生雏鸡肛门鉴别手法)。然后用左手拇指、右手拇指和食指轻轻翻开泄殖腔。在灯光下观察泄殖腔内黏膜颜色及是否有生殖突起。黏膜黄赤色又有生殖突起者为雄雏鹑;黏膜浅黑色而无生殖突起者,则为雌雏鹑(图6-18)。

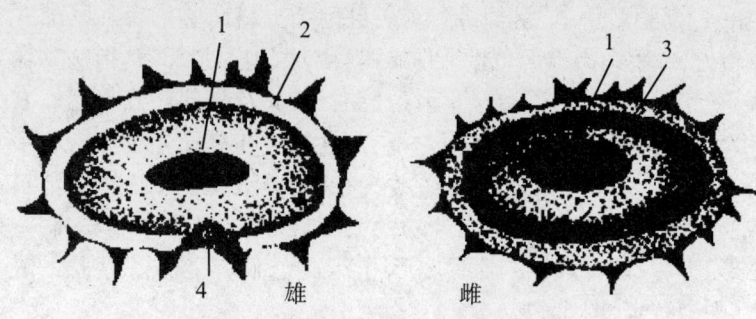

**图 6-18　初生雏鹌鹑肛门鉴别雌雄法**
1. 直肠开口；2. 黄赤色；3. 浅黑色；4. 生殖突起

### 四、初生火鸡翻肛鉴别雌雄法

左手抓握雏火鸡，掌心紧贴雏背，尾部朝上，肛门斜向鉴别者，右手将雏火鸡尾巴轻轻拉向背部，即可使泄殖腔外露。泄殖腔下部见到 2 个浅红色椭圆形球状突起，即为雄雏；泄殖腔下部未见 2 个突起，而是底边变粗向两边延伸，逐渐变细的浅粉红色八字状皱襞，即为雌雏（图 6-19）。

**图 6-19　初生火鸡泄殖腔示意图**
1. 生殖突起；2. 八字状皱襞

但有极少数雄雏的球状突起为浅粉红色，而少数雌雏的八字状皱襞较粗近圆形，容易引起误判。遇到难以辨认时，可用手指轻轻触摸泄殖腔下部。由于雄雏球状突起是由致密组织组成，有弹性、有光泽，经触摸不易变形，仍保持球形；而雌雏的八字状皱襞系由疏松组织组成，弹性差、无光泽，触摸时易变形，呈扁平状。据此差异可辨认雌雄。

## 第四节 其他鉴别法

### 一、捏肛法

经验丰富的孵坊鉴别师,采用捏肛法鉴别雌雄。

1. 方法

鉴别鸭雌雄时,左手抓鸭,鸭头朝下,腹部朝上,背靠手心,鉴定者右手拇指和食指捏住肛门的两侧,轻轻揉搓,如感觉到肛门内有个芝麻似的小突起,上端可以滑动,下端相对固定,这便是阴茎,即可判断为公鸭;如无此小突起的即是母鸭(雌雏在用手指揉搓时,虽有泄殖腔的肌肉皱襞随着移动,但没有芝麻点的感觉)。

2. 注意事项

采用捏肛鉴别法时,鉴别人员必须手皮薄、感觉灵敏方能学会。有经验的人捏摸速度很快,每小时可鉴别 1 000 余只,准确率达 98%～100%。

雏鹅的捏肛鉴别雌雄方法同鉴别雏鸭雌雄一样。

### 二、外形鉴别法

1. 雏鸭外形鉴别法

从体型、鼻孔和喙与头的交界处形状和下颌毛边缘形状鉴别。

体型头部较大、腰宽体圆、尾巴尖者,一般是雄雏鸭;头部较小、躯体窄扁、尾巴钝者,一般是雌雏鸭(图 6-20A)。

鼻孔,喙与头的交界处形状,鼻孔狭窄呈线形,鼻基质底粗硬,喙与头交界处呈波浪形的为雄鸭;鼻孔较大,呈圆形、鼻基质底柔软,喙与头的交界处较平整的为雌鸭(图 6-20B)。

下颌毛边缘坚实,呈三角形而且不整齐者为雄雏鸭;下颌毛边缘呈弧形而整齐者是雌雏鸭(图 6-20C)。

2. 雏鹅外形鉴别法

一般雄雏鹅腰宽体长,头大颈长,喙长而宽,站立姿势较直立;

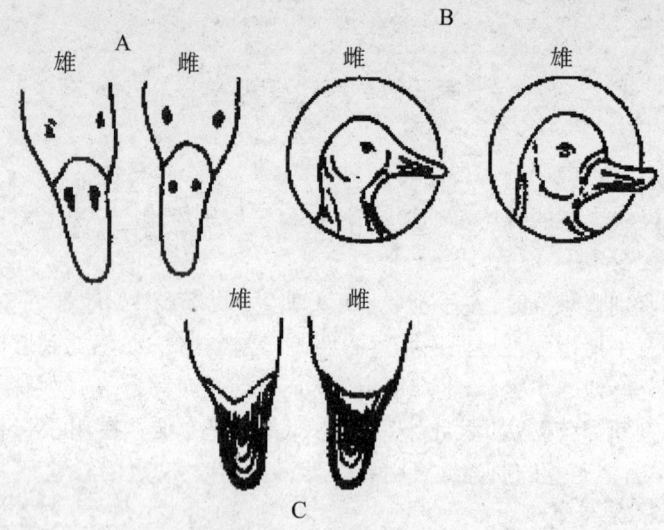

**图6-20 初生雏鸭雌雄外形鉴别法**
A. 鼻孔形状；B. 鼻基部；C. 下颌毛边形状

雌雏鹅腰窄体短,头小颈短,喙短而窄,站立姿势较前倾。

### 三、鸣管鉴别法

鸣管又称下喉,雏鸭的鸣管在气管下部,颈的基部两锁骨内侧,支气管的分叉顶端的球状软骨。胸腔入口处的三角区(颈的基部、两锁骨内),有变大的鼓室,是鸭的发声器官,称鸣管。雌、雄鸭的鸣管在形态结构上有较大差别。雄雏鸭鸣管膨大呈横圆柱形,直径3~4毫米,微偏于左侧;而雌雏鸭仅支气管的分叉处稍微粗大,比气管略大一点。触摸时,左手大拇指与食指抬起鸭头,右手从腹部握住雏鸭,右手食指置于相当鸡的嗉囊位置,左手拇指放于颈后部,食指置于雏鸭下颌处颈基部,当左手食指使雏鸭头部上下活动时,右手食指可触摸到4个稍微活动的类似绿豆粒大小的硬物。如有直径3~4毫米的小突起,鸣叫时能感觉到振动,即是雄雏鸭,而雌雏鸭却无此感觉(图6-21)。

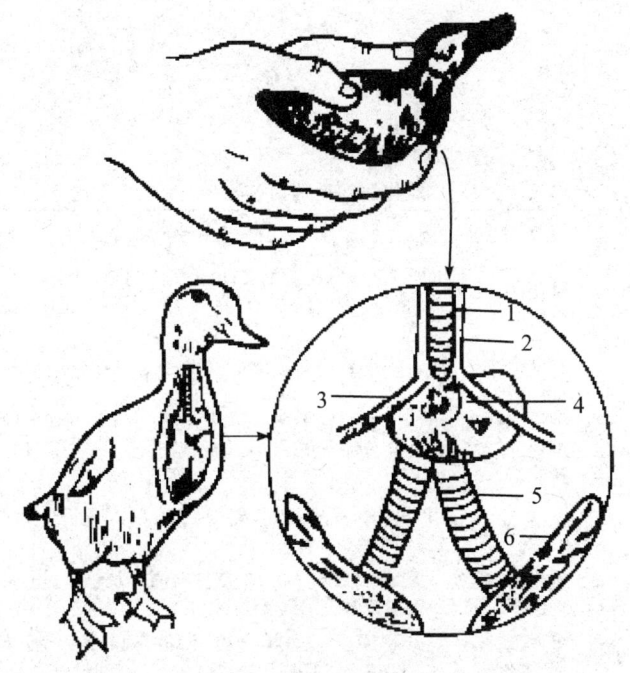

**图6-21 初生雏鸭鸣管鉴别法**
1. 气管;2. 鸣管;3. 胸骨气管肌;4. 鸣管;5. 支气管;6. 肺

**四、育雏前期换羽规律鉴别雌雄法**

在不允许杂交的纯系中和错过鉴别时间的群体中,鉴别雌雄也可根据育雏前期换羽规律与性别的关系鉴别雌雄。雏禽的绒羽换成羽毛,一般雌的要比雄的早,出雏的第4天,雌雏的胸部和肩部开始长羽毛,第7天,雄雏胸部、肩尖才长羽毛,因此第4~6天可将雌雏选出。

**思考题**

1. 初生雏禽的雌雄鉴别方法有哪些?
2. 目前鹌鹑自别雌雄鉴别方法有几种?
3. 比较雏鸡、雏鹌鹑和雏鸭雌雄间的生殖突起。

# 附 录

## 孵化场常用消毒药物

| 药名 | 消毒对象 | 用法及注意事项 |
|---|---|---|
| 甲醛 | 种蛋、雏鸡、孵化厅、孵化器 | 36%~40%水溶液甲醛,用于熏蒸消毒。3%~5%用于喷洒。常与高锰酸钾合用(2:1)。注意防止挥发失效 |
| 高锰酸钾 | 与甲醛合用 | 常与甲醛合用,利用其氧化性能加速甲醛分解 |
| 过氧乙酸 | 种蛋、用具、孵化厅、孵化器 | 用16%的水溶液,40~60毫升加4~6克高锰酸钾熏蒸15~30分钟,低温保存,现配现用,注意安全,防腐蚀、防伤人 |
| 新洁尔灭 | 种蛋、器械 | 用5%的原液配成0.1%浓度在水温43~45℃浸泡3分钟,或喷洒5分钟 |
| 次氯酸钠 | 孵化厅、孵化器 | 一般配成0.1%~0.2%浓度喷洒冲洗,也可用"依爱"EIMX-J25灭菌消毒系统 |
| 臭氧($O_3$) | 蛋库、孵化厅、孵化器 | 可采用"依爱"臭氧消毒器,工作时间=消毒空间(立方米)×0.8。消毒体积大于100立方米,可同时用多台 |
| 百毒杀 | 用具 | 为双链季氨盐消毒剂。一般用1:(1 000~3 000)浓度 |
| 农福 | 用具、车辆 | 烷基酚,按1:60的浓度,清洗消毒用具、车辆 |
| 杀特灵 | 环境、器械、地面、墙壁 | 复合酚类,一般采用500倍稀释液环境消毒,用250~500倍稀释液浸泡器械,注意当天用完,易受碱性物质影响 |
| 烧碱(氢氧化钠) | 器具、地面、墙壁、运输车辆 | 常为氢氧化钠94%左右的粗碱,配成2%~3%的浓度,注意该消毒液腐蚀性强,消毒后,用清水冲洗后再用。热碱水消毒效果更好 |
| 漂白粉(氯石灰) | 用具、地面、墙壁、运输车辆 | 用3%~5%的澄清液消毒用具,10%~20%乳剂消毒地面、墙壁和车辆 |
| 碘酊 | 外用 | 用2%~5%的碘酊涂抹雏鸡脐部,或在切爪、剪冠后消毒伤口等 |
| 生石灰(氧化钙) | 墙壁、地面、污水、消毒池 | 配成10%~20%的石灰乳喷洒、涂刷或直接撒用。要用新鲜石灰,现用现配 |
| 二氧化碳 | 残弱雏及活胚胎 | 对淘汰的残、弱雏及无法出雏的活胚胎安乐死 |

# 参考文献

[1]王庆民,李明淑,李庆怀,等.科学养鸡指南[M].北京:金盾出版社,1998.

[2]彭秀丽.家禽孵化工培训教材[M].北京:金盾出版社,2008.

[3]黄炎坤,等.家禽生产[M].郑州:河南科学技术出版社,2008.

[4]王庆民,宁中华.家禽孵化与雌雄鉴别[M].修订本第二版.北京:金盾出版社,2008.

[5]董瑞潘,丁志.鹌鹑饲养新技术[M].北京:中国农业科技出版社,1998.

[6]邱祥聘,杨山.家禽学[M].成都:四川人民出版社,1980.

[7]林其騄.鹌鹑高效益饲养技术[M].修订版.北京:金盾出版社,1997.

[8]林其騄.鹌鹑[M].南京:江苏科学技术出版社,2001.

[9]庞有志.蛋用鹌鹑自别雌雄配套技术研究与应用[M].北京:中国农业出版社,2009.

[10]卢中华,崔保安,罗国琦,等.养鸡与鸡病防治[M].北京:中国科学技术出版社,2000.

[11]庞有志.动物遗传育种学[M].北京:中国农业大学出版社,2001.

[12]林其騄.高效养鸭新技术[M].北京:中国农业出版社,2006.

[13]由哲,周伯超.家禽孵化与早期雌雄鉴别[M].北京:科学技术文献出版社,2003.